2017

宇如聪副局长为一等奖选手颁奖

参赛选手正在进行气象科普讲解（1）

参赛选手正在进行气象科普讲解（2）

有的选手通过气象科学小实验进行讲解

2018

1. 被选手们的精彩讲解所吸引的观众 (1)

2. 被选手们的精彩讲解所吸引的观众 (2)

3. 来自科技部、中国科协、中科院和中国气象局等部门的评委认真为选手评分

4. 获奖选手

1

2

3

4

气象科普解说词

（2017—2018年）

中国气象学会 编

气象出版社
China Meteorological Press

图书在版编目(CIP)数据

气象科普解说词：2017—2018年 / 中国气象学会编. — 北京：气象出版社，2019.4
ISBN 978-7-5029-6944-8

Ⅰ.①气… Ⅱ.①中… Ⅲ.①气象学-普及读物 Ⅳ.①P4-49

中国版本图书馆CIP数据核字(2019)第044364号

Qixiang Kepu Jieshuoci(2017－2018 Nian)

气象科普解说词(2017—2018年)

中国气象学会　编

出版发行:气象出版社
地　　址:北京市海淀区中关村南大街46号　**邮政编码**:100081
电　　话:010-68407112(总编室)　010-68408042(发行部)
网　　址:http://www.qxcbs.com　**E-mail**:qxcbs@cma.gov.cn
责任编辑:殷　森　郑乐乡　**终　　审**:张　斌
责任校对:王丽梅　**责任技编**:赵相宁
封面设计:楠竹文化
印　　刷:三河市君旺印务有限公司
开　　本:889 mm×1194 mm　1/32　**印　　张**:4.75
字　　数:182千字　**彩　　插**:1
版　　次:2019年4月第1版　**印　　次**:2019年4月第1次印刷
定　　价:29.80元

序

“科技创新、科学普及是实现创新发展的两翼，要把科学普及放在与科技创新同等重要的位置”，习近平总书记一再强调科学普及的重要性。科普讲解与科学普及有着不解之缘，对于公众特别是青少年而言，通俗易懂、生动形象的科普讲解不仅能够帮助他们理解科学，而且有可能成为引导青少年热爱科学、向往科学、走进科学殿堂的金钥匙。

气象与人类活动密切相关，无论国内外，气象科普都有着深远的历史渊源。近些年来气象受到社会各界的日益关注，每年有数百万人次走进各级气象科普教育基地，认识气象、了解气象，众多专职或兼职气象科普讲解人员承担起向公众普及气象科学知识的重任。

为提高气象科普的传播水平，中国气象局、中国气象学会于 2015 至 2018 年连续举办了四届“全国气象科普讲解大赛”。选手们力求尝试创新气象科普讲解的内容与形式，将天气、气候、卫星气象、人工影响天气以及气象防灾减灾等科普知识，生动、形象地融入讲解内容中。为更好地发挥气象科普解说词的作用，特将 2017 与 2018 年“全国气象科普讲解大赛”的解说词选编成册，以供科普讲解的同行们相互学习、相互交流，进一步提升自身的讲解水平，同时为各级气象科普教育基地提供科普讲解素材。

我们相信，优秀的气象科普讲解一定会引导更多的人特别是青少年对气象科学产生兴趣和向往，让气象科学走出象牙塔、飞入寻常百姓家，为提高全社会与公众的气象科普素质做出自己的贡献。

中国气象局副局长 宇如聪

目　录

气象科普解说词(2017年)

气象科普解说词(2018年)

气象科普解说词

(2017年)

大自然的双刃剑——致人类的一封信

安徽省合肥市气象局　作者：祖恩茂　解说：杨　鹤

大家好，我有一个不一般的朋友，"黑云压城城欲摧"说的就是它。它有着山峰一样高大的身躯和桀骜狂暴的性格。它就是积雨云。这不，它又给我来信了。

亲爱的人类朋友：

你好。

我是低云家族中的一员，名叫积雨云，出生在400～1000米的空中，开始只能算是一个小不点儿，当上升气流不断把水汽带进我的身体，我便很快长到了四五千米高，这样大家很容易就能认出我来：魁梧的身材，戴着花椰菜一般的帽子。上升气流继续增强，我就不断长高，甚至达到了冻结高度以上，帽子便开始冰晶化，原本明显而清晰的边缘轮廓开始变得模糊，我便真正地成型了，变身成为高达万米的巨人。强烈的对流塑造了我，赋予了我狂暴的性格。我体内的空气对流速度每秒超过20米，最高能达到60米，这甚至超过了超强台风的速度。空气对流会带着小水滴不断上升、碰撞、增大，最终化作暴雨、冰雹落下。与此同时，带着正负电荷的水滴、冰粒分别在我的头顶和脚下集结，越来越多，让我体内的电压不断升高，最终释放出来，形成了闪电。

我知道你们人类不太喜欢我，因为我会带来骤雨、冰雹，毁坏建筑，阻碍交通。在中国，仅冰雹，每年就会造成亿元以上的损失。更可怕的是我对飞机的威胁，比如2009年法航AF447次航班、2014

年亚航 QZ8501 次航班都因为误入我的身体而不幸失事，机毁人亡，我的无心之过带给你们太多伤害，请允许我表达最诚挚的歉意。我蕴藏着丰富的水资源，可以帮助缓解旱情；我带来的闪电，每年可以帮助合成 5 亿吨的氮肥，相当于一座巨大的化肥厂的产量。我还有很多其他的潜力，等着被你们挖掘。我相信，凭你们的智慧，一定可以做到。

你的朋友　积雨云

信读完了，但我们和积雨云之间的故事还远没有结束。数百万年来，人类从茹毛饮血到飞向太空，从对大自然的畏惧屈服到适应改造。智慧，是我们最强大的动力；科学，是我们最有力的武器。总有一天，我们可以彻底了解和掌握积雨云，让这把大自然的双刃剑，成为我们最亲密的朋友。

梅实迎时雨

安徽省合肥市气象局　作者：祖恩茂　解说：杨　鹤

“黄梅时节家家雨，青草池塘处处蛙。”清脆的蛙鸣意味着初夏到来，梅子黄熟也预示着江淮大地即将迎接我的到访了。我，是梅雨。

每年的六七月间，浑身湿漉漉的南方暖空气想去北方晒晒太阳，却在江淮大地的上空，被南下看海的冷空气挡住了脚步。它们僵持不下，互不相让，形成了一条很长很宽的雨带。这将近一个月的雨季就是属于我的时间：梅雨季。西起宜昌，东至长江口，人们都能看到我的身影。身为“江南女子”，我天性温婉尔雅，带来连绵的阴雨。可当冷暖空气的争执太激烈时，也会影响我的情绪。带来的那就是一阵狂风骤雨、电闪雷鸣。

初夏，正是农作物和果树生长的旺季，我带来了全年里最充沛的雨水，帮助它们茁壮成长。我喜欢在合适的时间到来，看着斜飞的雨线，洒落在湖泊山林，滋润大地；感受雨热同季，令江淮大地成为著名的鱼米之乡、富庶之地。可是，冷暖空气的脚步忽快忽慢，也让我的身影变得难以捉摸。我来得太迟，走得太早，容易带来干旱；而停留时间太久或是心情太糟，也会带来洪涝。如果再遇到厄尔尼诺这个调皮的“圣婴”来捣乱，那就愈加一发不可收拾了。当看到刚刚种下的秧苗没有水喝，或是快成熟的庄稼被雨水浸泡的时候，我的心里无比自责却又无可奈何。

我的身后，还藏着一对喜欢恶作剧的孪生兄弟：高温和高湿。

当它们现身的时候，霉菌和病毒会加快滋生繁殖，衣物和食品也容易霉烂变质。它们还会让人患上风湿和胃肠疾病。因此，人们又叫我：霉雨。诗人笔下蕴藉徽风皖韵的我，却得了一个这么难听的名字，真让我伤心。

可难过归难过，我还是想告诉大家：和我相处时，一定要注意饮食卫生，多吃一些健脾消湿的食物。当冷暖空气相约停战，阳光重现的时候，赶紧打开窗户通通风，晾晒一下衣物。可不要因为我偶尔的小脾气破坏了大家的好心情。

7月中旬，是我该离开的时候了，在那之后，江淮地区也将进入酷暑盛夏。

“毛衣未湿黄梅雨，雨滴江梨分外娇。”明年，我还会如约而至。到那时大家还会记得我吗？我，是梅雨。

雨和雪的《罗生门》

中国气象局公共气象服务中心　信　欣

《罗生门》是一部老电影，讲述了同一个事件里，不同人物看到了部分事实，各说各话，让真相扑朔迷离。2016 年 1 月 21 日的上海，就上演了一幕雨和雪的《罗生门》。这一天，在同一座大楼中，楼底的人看到的是淅淅沥沥的小雨，而楼顶的人见到的是鹅毛大雪。网络时代常说“无图无真相”。现在有了图，真相又是什么呢？难道有人在说谎？

其实他们说的都是事实。这幢大楼叫“上海中心”，位于浦东，它有着非凡的高度——632 米！这是一个重要线索。我们知道，正常的对流层大气，低空暖，高空冷，通常大约高度每上升 1 千米温度下降 6 ℃。600 多米折算下来，楼顶比楼底大概低 4 ℃，因此，楼顶下雪，楼底下雨，也就合情合理了。

现在问题又来了，地面附近下雨和下雪的分界点到底是几摄氏度呢？0 ℃、1 ℃、2 ℃、3 ℃？其实都有可能。看现场大家的反应，有人表示怀疑啊。我们可以来做个小实验。现在我们从冰箱里拿出一块冰，雪和雨的转换，就类似冰块融化的过程。除了温度高低，还要看融化时间的长短。即便在目前二三十摄氏度的室温下，冰块也并没有立即融化，不难想象，当冬季气温只有两三摄氏度时，从高空下落的雪花，落地前的融化过程会更加缓慢，这时到底是下雨还是下雪呢？

下面我们来具体分析一下。按照前面说的，1000 米差 6 ℃，假设地面附近 3 ℃，1000 米高空为－3 ℃，如果温度是均匀分布的，0 ℃层在中间 500 米高度，雪花落入下半部的暖层以后，大的雪花部分融化成了小雪花，原先小的雪花可能就化为雨滴，我们看到的就是雨夹雪。如果中间气温分布不均匀，0 ℃层高一些，也就是暖层更厚，这时雪花有了更多的时间融化，很可能落地就是雨；如果反过来，暖层薄一些，这时雪花来不及融化就落地了，于是地面附近下雪，好比我们刚才的小冰块。

还有一种更复杂的情况，就是低空的温度分布出现了“冷—暖—冷”的夹心结构，这时候，雪花先在暖层中融化成水滴，在临近地面的冷层中再冻结，形成圆球或圆锥状的冰粒，也称为雪籽，这在我国长江中下游地区的冬季比较多见。

我们来总结一下，雨和雪的转化，对应的是物理中很普通的水的融化和凝固，但在实际大气温度分布情况很复杂的时候，预报起来一点都不简单。这就像我们平时开车或坐车上班，路上顺一点或堵一点，到单位的时间，可能提前或迟到几分钟。有时恰恰就是几分钟的偏差，对于雨和雪来说，可能是天壤之别。就像这个小冰块，在几分钟里，从冰变成了水。因此，要想准确预报，离不开预报员的细心和努力，多少也需要点运气。

高速公路上的“流动杀手”

广东省气象公共服务中心　作者：马　俊　李文苑
解说：马　俊

随着汽车时代的到来，相信很多朋友都多了一个新的身份：驾驶员。但是您听说过高速公路上的“流动杀手”吗？现场有没有朋友知道？玩笑归玩笑，我们来看一段视频寻找答案。

从视频中我们可以看到一辆汽车在夜间正常行驶在高速公路上，视线不错，所以车速还是比较快的。但是短短几秒钟之后这辆车就开进一片大雾之中，能见度迅速降低，甚至接近零，让看视频的人也不禁为这位司机捏了一把汗。而这种突然出现在司机面前的大雾就是团雾，因其神出鬼没的特性，很多司机朋友把它称作高速公路上的“流动杀手”。

广东省公安厅交管局统计的数据显示，2016 年广东省共有 152 个高速路段出现了 3 次以上团雾，有 14 处路段出现了 10 次以上团雾。其中京港澳高速的云岩至大桥段更是它的最爱，一年内就出现了 120 多次，可以说您高速出行遇到它的概率还是相当大的。

那什么是团雾呢？从气象学意义上讲，团雾的本质就是雾。是由于地面辐射冷却，贴近地面的空气中的水汽变冷凝结而成，但它更容易受到局部地区微气候环境的影响，往往出现在几十米到上百米的局部范围内，形象一点说就像是一朵云落在了地面上，云里面雾气缭绕，云外面视线良好。“这朵云”还具有突发性更强、雾气更浓、能见度更低的特点，能见度最差时只有一二十米，因此又被称为

“雾中雾”！

每年11月到来年的3月都是团雾高发期，而在一天当中，团雾出现的时间段多是在晚上10点到第二天早上8点前。至于出没的地点则有一个共性：水汽充足，比如江河湖泊附近、低洼地段或雨后的山区公路。特别是雨后的一到两天，如果天气特别晴好就更容易出现了。如果您是个新手司机，就更要避开这些特定的时间和地点。

如果避不开遇到了又该怎么办呢？您记好了，一怕快、二怕停、三怕慌乱。当您驾车高速冲入团雾时千万不要立即停车，这样非常容易引发后车追尾事故。应该用多次轻点刹车的方式迅速把车速降下来，并及时打开近光灯、示宽灯、尾灯！可以不断地按喇叭来提醒其他车辆注意。有条件时要就近驶离高速公路。假如无法驶离高速公路，可以把车停在应急车带，开启双闪，放置停车警告装置，转移车上人员到安全地带，拨打报警电话。

美国作家曼迪诺曾说过：“对于突发情况，如果没有充分的思想准备，那么厄运就会像大海的波涛一样不断地涌向你。”其实了解了关于团雾的那些事，掌握了正确的驾驶技巧，即使您真的遭遇到这位“流动杀手”，它的杀伤力也会大大降低。希望今天的讲解内容可以帮到大家，愿您安全出行，平安到家。

仗箭“猎风”

海南省气象服务中心　何　虹

我国是世界少数几个受台风严重影响的国家之一，台风给我国带来的经济损失年均400亿～500亿元人民币，位居自然灾害之首，因此台风预报的准确与否，将会给人民的生命财产带来巨大影响。

要想准确地预报台风，就要剖析台风的内部结构、获取台风内部大量观测资料，而常规的地面“追风”方式，获取的气象信息非常有限。

那今天，我要说的是另一种方式——“猎风”。“追风”和“猎风”一字之差，却代表着我国科学探究台风工作的一次跨越。

那怎么去“猎风”呢？让我们回到2015年10月3日，那天强台风“彩虹”步步逼近海南岛，中心附近风速达到45米/秒，也就是14级。晚上11点，一枚火箭划过万宁上空直入云霄，6分钟后，火箭准确进入了距离万宁约250千米的“彩虹”云团中，“猎风”行动正式开始，这是一枚SY-400制导火箭弹，它的使命是穿越强台风“彩虹”，把多枚下投式探空仪送入云团中心区域，并实时地传递回高质量的观测数据。

那为什么要采用这种方式去“猎风”？这是因为，台风在远海活动时，内部的温度、湿度和风场资料获取得越多，对台风路径和强度的预报就越准确，而海上的观测点极少。目前，我国获取台风内部信息主要是通过卫星获得，但从太空中看台风就像是近视眼患者没有戴眼镜，无法看清台风的“庐山真面目”。而通过火箭，可以将探空仪投放到台风的内部，从不同位置穿梭台风，获取最真实的资料。由于海南岛地处台风走廊，因此，有幸成了我国首次火箭“猎风”的战场。

这次“猎风”行动整整准备了3年，所获取的台风数据，精度高、质量好、同步性强，有显著的科研业务应用潜在价值。“猎风”试验的成功，标志着利用火箭探测近海台风技术的重大突破，填补了我国海上台风结构和强度直接探测的空白。这次试验所获取的资料已陆续应用到多项台风预报研究当中，对提高台风预报准确率等有重大科学意义。

无论是以往的人力“追风”，还是今天的火箭“猎风”，气象科技的进步正为社会大众防灾减灾提供着更为精准的服务，正所谓：科技兴国，气象万千！

故乡的云

湖北省恩施土家族苗族自治州气象局　刘文桥

我们都知道，云是大气中水汽凝结或凝华形成的，当无数的水蒸气聚集在一起，就构成了“云姑娘”轻盈美丽的身躯。古今中外，迷恋“云姑娘”的人数不胜数。英国科学家卢克·霍华德在19世纪初将云分为了卷云、层云和积云三类，而现在则是按照云底高度，将云分为高、中、低三族十属二十九种。离地面2千米以内的是低云，像积雨云、雨层云都是低云。再往上就是高层云、高积云，虽然名字前面有个“高”字，其实它们属于中云。接着再向上，在距离地面6千米高度以上的地方出现了卷云，它们才是高云。

云，就好比天空的代言人，天上挂什么样的云，就会出现什么样的天气。云的姿态美仑美奂，云的语言奥妙无穷。我们看见过洁白透亮、丝丝缕缕，象征着晴好天气的卷云；遇到过密密层层、呈暗灰色脸，暗示着即将倾盆大雨的雨层云；领略过宛如一座群峰争奇的云山，顶白底黑，云边呈土黄色，预示着不久将上演雷雨大作的积雨云。

可能这些云你都见过，那么，你曾观赏到像“人间仙境”一般，意象万千的云海吗？我的家乡恩施地处巫山山脉和武陵山脉牵手拱卫的层峦叠嶂之中，神秘的北纬30°线从此经过，这里山峦起伏，沟谷纵横，海拔500～2000米山地高低悬殊。每当雨雪初霁，大气中丰富的水汽便在大峡谷、齐岳山之巅等海拔1500米以上的高山区域凝结形成层积云，当层积云发展聚集到一定程度，游客在高山之巅就会俯首看到如大海般波起汹涌、浪花飞溅、惊涛拍岸的云层，这就是我们所说的云海了。而当雨雪天气过后，天气转晴，强冷空气下沉穿过云层形成透光高积云，斜布天空。日出日落之时，霞光又将云海染得五彩斑斓，仿佛一片彩色云海，壮观至极。俯瞰脚下是云海翻腾，仰望天空是红霞万丈，云海一样的景色，云海一样的境界，漫漫人生路，无边无际。

“拨开云雾见天日，守得云开见月明。”从古时候肉眼观测，到今天的卫星云图、激光雷达，科技带领着我们探索未知的领域。也许你正身处高楼林立的都市，也许你在霾城难见云影云踪，那不妨跟我一起，一路向西到恩施，去感受我故乡的那片柔情，却又如此瑰丽壮阔的云山云海。

高科技"神器"观云识天

湖南省气象服务中心　作者：邓　玲　柳逸飞　霍　林
解说：柳逸飞

在很多人的印象中，云只是天空中漂浮着的一团团"棉花"。"天上鱼鳞云，地上雨淋淋"。千百年来，祖先们也用他们的智慧告诉我们，观云可以识天。

的确，一直到现在，"慧眼识云"的第一手观测资料仍然是分析和判别未来天气系统发展的重要资料之一。气象观测员通过目测，根据经验和气象知识判定天空的云状、估计云量、测定云高。

可是，很多时候天空中的云就像小孩子的脾气一样任性和多变！在《三国演义》第一百零三回中，料事如神的诸葛亮怎么也没想到一场突如其来的大雨，让被围困在上方谷的司马懿转危为安。

看来要揭开"云云"众生里隐藏的那些"秘密"，识别预测复杂多变的天气，光靠人眼是远远不够的。事实上，除了人工观云，我们更多的是借助高科技的"神器"来一览云的世界。今天逸飞就给大家介绍这样一款"观云神器"——"风云四号"气象卫星。

如果说气象卫星是观云识天的慧眼，那这颗卫星就是"二郎神"了。为什么这么说？因为在它的身上有三个超级"天眼"，所有的云在它的面前都得现出原形。它就是2016年12月11号，我国成功发射的"风云四号"气象卫星，中国新一代静止气象卫星的首颗卫星。它可以在36000千米的高空对整个东半球的风云变幻"明察秋毫"。

当然，它的看家本领，还得说是那三只"天眼"。

第一只“天眼”，多通道扫描成像辐射计。这里的“通道”指的就是颜色，之前的“风云二号”卫星是用 5 个颜色看地球，现在的“风云四号”是用 16 个颜色看地球。分辨率提高了，不仅画面更漂亮，而且云的一举一动捕捉得更加准确。这可真称得上是“眼前一亮”！

第二只“天眼”，干涉型大气垂直探测仪。它像一台 CT 机负责扫描云的五脏六腑。通过这台特殊的 CT 机可以将云分成 1000 多层进行扫描，比原来提高了 100 多倍。这是什么概念呢？大家看桌子上的这两块红豆面包。如果把面包中的红豆看成是云中水汽集中的位置，那我们看到左边的这块面包的切面，只能看到几个红豆；再来看右边被切成 10 份的面包，我们几乎就可以看到所有的红豆了。“风云四号”的这只天眼，确实是“走心了”！

第三只“天眼”，闪电成像仪。“风云四号”气象卫星搭载着世界上最顶尖的“照相机”，可秒拍 500 张图，肩负起“闪电猎手”的职责。闪电常常会伴随雷暴、大风、短时强降水等灾害性天气。有了这个“闪电猎手”，气象部门就可以更准确地发布气象灾害预警信号了。

最后要跟大家说的是，“风云四号”——这个天空中的“二郎神”还是个“暖男”。我想问现场的男同胞，有谁可以为自己的女朋友或者爱人每 15 分钟拍一张照片？咱们的“风云四号”就这么贴心尽职，它可以不分昼夜每 15 分钟就给地球拍一张照片并且永远和地球肩并肩。地球上的云当然都愿意把自己的喜怒哀乐与这个大暖男分享啦。

好了，我的讲解就到这里。最后请大家把掌声送给所有的“风云四号”科研实验人员和气象工作者吧。

南方天气特产——“回南天”

广东省河源市科普教育基地　周晓湘

回南天可以说是我们南方的天气特产，主要出现在每年的二三月份。大家看我身后的视频，墙面、地板，到处都是水，我们把这种现象叫作“回南天”。今天我们通过一个实验来了解“回南天”的原理以及它是如何影响我们的生活。

“回南天”出现的第一个前提条件是物体的温度要低。就比方说每次回南天来临之前，这冷空气都会先给我们的墙面跟地板降低一下温度，让它们摸起来会比较冷。

根据这样一个前提条件，我们来将事先准备好的干冰放到玻璃容器里，降低玻璃墙面的温度。让他摸起来也会有点冷。

这第一步做好之后，我们就来进行第二步。第二步就是要寻找到暖湿气流来跟这个冰冷的墙面进行接触。

什么叫作暖湿气流？其实也就是从海面吹过来的既温暖又潮湿的气流。我们选用了一款具有暖气功能的加湿器来模拟暖湿气流，因为它具有暖湿气流既温暖又潮湿的特点。现在，将我们的加湿器对准玻璃墙面，当暖湿气流遇到冰冷的墙面，会出现什么样的情况呢？虽然这不是一个魔术，但我还是想跟大家说，这接下来就是见证奇迹的时刻。

让我们把关注的焦点放到玻璃墙面上来，大家可以看到，在这个玻璃墙面上出现了非常多的小水珠，这就像每次“回南天”出现的时候，我们家里那个潮湿的墙面跟地板是一样的道理。那它是什么样的原理呢？我来做个比喻，暖湿气流非常怕冷，物体的表面温度太冷了它就受不了，它就会发起“攻击”，将体内的水分凝结在物体表面上。也就是我们现在看到的这个样子。

每次“回南天”出现的时候，我们总是会抱怨，悬挂在户外的衣服总是非常潮湿。有没有什么办法来解决呢？这办法肯定是有的，需要借助到一个法宝，这个法宝就是烘干机。只要这烘干机一到，这个问题马上就可以得到解决。虽然这不是一个非常有创意的方法，但是我们不得不承认，这是一个非常具有实效的方法。

在“回南天”里，我们还需要注意的一点就是关闭门窗，因为只要关闭了门窗，这个暖湿气流，它就跑不进我们家里来，我们家里的墙面跟地板就不会那么潮湿了。

最后，每次“回南天”出现的时候，我们还会发现，户外的雾气会非常明显，所以开车的朋友要记得打开雾灯，尽量地减速慢行，注意交通安全。

委屈了，我的霜！

陕西气象科普基地　王耀祥

大家好，你们可以叫我“霜儿”，我不是防晒霜，也不是护手霜，更不是隔离霜，当然也不是西瓜霜。我就是霜，气象学里面的霜，出现在晚秋到早春期间，就是类似于雪的白色晶体。

《红楼梦》中的诗《葬花吟》中竟然把我比喻为伤人的“剑”：“一年三百六十日，风刀霜剑严相逼。”为了还我的一世清白，我要委托气象小哥王耀祥做如下控诉。

我从哪里来？

每年10月下旬左右，有个节气叫“霜降”。那么，“霜”是不是像雨、雪那样是从天上降下来的呢？

晚秋以后，在晴朗无风的夜晚，当地面上的物体温度降到0 ℃以下，空气中的水汽接触到冷的物体，就在其表面凝华成了冰晶，这个时候“霜”就出现了。如果仔细观察的话，你会发现屋外瓦片底下就有霜呢，有时在窗玻璃上见到的“霜窗花”更说明了霜不是从天上降下来的。

它是它，我是我！

《诗经·蒹葭》有言：“蒹葭苍苍，白露为霜。”说的是河岸边的芦苇密密又苍苍，露水因气温降低而结成霜了。

从科学角度来说，霜的形成需要水汽和低温两个条件，虽然与露相似，但霜是由冰晶组成的，要求地面的温度必须低于0 ℃，露的形成要求地面的温度在0 ℃以上，而且它呈水珠状。不难看出，“白露为霜”也是由于对霜的成因不了解而造成的。

为什么说我是杀手?

“大火流兮草虫鸣,繁霜降兮草木零。”秋虫鸣叫,繁霜出现,草木凋零,作物冻害,真的是霜的罪过吗?

有人曾经做过这样的试验:把植物的两片叶子,分别放在两个同样低温的箱子里,一个有水汽,另一个是干燥的。过了一段时间,有水汽的箱子中叶子上“盖”满了霜,干燥的箱子中叶子上没有一点霜。仔细观察发现,无霜的叶子受害极重,而“盖”霜的叶子只有轻微的“霜害”痕迹。这说明霜不但伤害不了农作物,相反,水汽凝华形成霜时通过放热会减轻植物的冻害。

我对大家的贡献

农谚说:“霜打蔬菜分外甜。”深秋降温导致植物光合作用减弱,有机酸的合成得到抑制,加上其他的生化反应,使蔬菜和秋果涩去甜来,味道变得清甜可口。

更使霜感到骄傲的是,霜能使深秋景色绚丽多姿。元代王实甫的“晓来谁染枫林醉”,还有唐代诗人杜牧的“停车坐爱枫林晚,霜叶红于二月花”,都是向人们展现了一幅灿若红霞的山野秋景图。

最后我希望大家心里一定要清楚,“霜降”和“霜冻”这两个词存在着对霜的来龙去脉的误解或曲解之意,心里一定要明确霜不是从天上降下来的,也不是那么“杀气腾腾”,而是在一定程度上对人类还有点用处,霜就心满意足了。

“傲娇”的宁夏枸杞

宁夏气象影视中心　柴　媛

说到宁夏，有些朋友可能不太熟悉，但提到枸杞大家却一点也不陌生。我就是一颗枸杞——一颗“傲娇”的枸杞，来自宁夏中宁，一个世界上最适宜我生长和居住的地方。

我在植物界属于茄科枸杞属。相传我的祖辈，先是在宁夏黄河边的常乐堡、永康堡、宣和堡等地天然繁殖，后来经过人类1400年世世代代的选育改进，如今我已成为最独特的一种，连《本草纲目》都说我，“春采叶、夏采花、秋采子、冬采根”，全身都是宝。所以我一出生，就被教育要好好做人，哦不，是做枸杞，而且是一枚“傲娇”的宁夏枸杞。

说起“傲”，我的枸杞树妈妈有傲骨的生命力。她扎根于荒凉贫瘠的沙土之中，斗风沙、战严寒、抗干旱、耐酷暑，从不向恶劣的环境低头让步。

但枸杞果——对，就是我，可就娇气多了！

我喜欢日光浴，每年中宁的日照时间有3000小时，仅比日光城拉萨少一点，这完全满足了我对阳光的喜爱。但持久的灼晒却会让土地异常干旱，使我的体型变小甚至枯萎，严重时还会导致我的生命就此结束。

我喜欢水，成长过程中树妈妈会不时用黄河水来哺育我。但我又怕长时间被雨淋，那样我的身体会发黑，对！也就是人类所说的黑果病。要是再赶上一场不合时宜的暴雨，我的皮肤就会皲裂，呵！

那将是致命一击。千百年来，我"娇"的秉性一点都没变。我知道人类已经在全力呵护我了，但很多时候也只能无奈地看着老天的"脸色"。如今，有了枸杞气象台的帮忙，树妈妈对我的养育也就从容多了！

枸杞气象台会研究光照、温度、空气湿度、风速及土壤湿度等气象因子，为不同脾气的枸杞找到最适宜生长的地方；它在我身旁放了很多监测仪器，随时收集我们生长期所需的各种数据；它会让一个叫"病虫害监测预警"的伙计，提醒人们及时赶跑那些对我虎视眈眈的坏虫子，让我更加绿色和健康；同时它还要跟进后勤保障，按照我们的生长期发布适宜的灌溉条件预报，好让我们能喝足水，又不至于遭受浸泡之苦。

终于，我们历经了"三月冬藏三月春"的蜕变，在每年 6 月中旬前后开始结出第一茬果实。虽说我已成熟，但作为监护人——枸杞气象台依然会有"采摘晾晒条件预报"来保证我们每颗枸杞都有一个完美的收官。

辗转间到了 10 月中旬，随着西伯利亚冷空气的势力越来越强，天气越来越冷，我的树妈妈也要进入冬藏阶段，准备迎接来年的生命轮回。

得天独厚的自然环境和气候资源，让宁夏枸杞载入《中国药典》，与琼珍灵芝、长白山人参、东阿阿胶并称为中药四宝，你们说我怎么不"傲娇"？

我要“打假”

云南省气象服务中心　范　众

我要“打假”。前段时间，在云南流行这样一句话叫“我们过了一个‘假冬天’，又过了一个‘假春天’……”给大家看两张图片，请问哪一张是春天，哪一张是冬天？从着装上看得出来么？我可以负责任地告诉大家，穿T恤、夹克这一张是冬天拍摄的，而全是棉袄、羽绒服的是进入春季以后拍的。

首先，去年冬天就很“不正经”，因为从定义上来说，连续5天平均气温低于10 ℃才算入冬。严格来说，去年大部地区根本不存在冬季。云南最冷在12月至次年1月，其中1月气温最低。结果去年最高气温十八九摄氏度左右，1月份的平均气温11.2 ℃，较常年相比偏高了1.7 ℃。这个数据是1961年以来历史最高纪录。而且这其中还包含着温度经常处于零下的迪庆。为什么呢？由于中高纬的环流平直，冬季风弱，南支槽偏弱，阻挡了冷空气南下。而暖的、强的西风控制了云南省。简单说，北方冷空气弱，过不来；水汽弱，降水就少；云南又在低纬度，吸收太阳的热量多，形成了比较强的暖冬。

说到这，可能东北、内蒙古的朋友要说了，我们冬天气温在零下几十摄氏度，你们简直是得了便宜还卖乖。其实，我们冬天是过得跟春天似的，可是反过来我们的春天却过得跟冬天似的。

今年3月某几天的最低气温在摄氏四五度上下，如果你觉得3月份还是离冬天比较近，咱们看4月滇东北和滇西北的温度是有比常年偏高的地方，可是4月份全省的平均温度却比常年低了0.5 ℃。3月到4月，全省平均气温16.3 ℃，从气象定义的角度候(5天为一候)平均气温在10～22 ℃就是春天。但在云南有个说法叫“一雨成冬”。因为地处高原，海拔每升高100米，气温就下降0.6 ℃。而3—4月云南降水明显偏多。只要冷空气来临，暖湿气流就准能与它在云南上空交汇。今年孟加拉湾气旋异常活跃，很利于水汽输送。老下雨没阳光补充热量，所以从体感上感到特别冷。

你说你冬天冻死了，死而无憾，春天给你冻死了你死能瞑目吗？三四月份医院急诊全是冻得感冒发烧的患者。而现在五黄六月了，在云南天气预报里居然还让人注意添衣保暖

最后我想谈谈我们这次的主题，我觉得这八个字非常精妙，四个词组可以重新组合。如果说“科技强国，气象万千”是我们的现状，那么我们气象人要做的就是利用“科技万千”，实现“气象强国”。

多彩天空

上海市公共气象服务中心　上海新气象信息科技有限公司
作者：张瑞怡　沙柏宁　解说：沙柏宁

16世纪中叶，西班牙逐渐成为了整个欧洲的霸主，打遍欧洲没有对手。1551年4月，西班牙国王，神圣罗马帝国皇帝，战无不胜的卡尔五世的军队已围困德国马格德堡整整一年，战事胶着，孤城久攻不下。本已士气低落的将士们这一天猛然抬头，瞧见天空中竟出现了三个大太阳，当时的西班牙被称为什么？日不落帝国，不过这三个太阳未免也有点太多了，这让帝国勇士们吃惊不小，虔诚的天主教徒卡尔五世更认为这是不祥之兆。他立刻下令退兵！一场战事消弭于无形……

其实这个现象，叫作多日，即很多个太阳的意思，“多日”现象并不少见，频繁出现于古今中外各类记录中。有人认为中国神话中“后羿射日”的描述或许就是一次多日现象。

除了“数日并出”，中国古籍中还有许多特殊天象的记载，如“白虹贯日”。《战国策》中说：一名叫聂政的人去刺杀权臣韩傀，天空中出现了白色彩虹穿过太阳的奇景。《史记》中又记载：燕太子丹与历史上最著名的刺客荆轲易水一别后，也看到了“白虹贯日”的景象。

因为认知水平低下，在古代，人们通常会把这些现象视为不吉的预兆。而在今天，我们知道，这些都是再正常不过的自然现象，我们把这一类对日光或月光的折射和反射作用而形成的光学现象称为“大气晕族”，通俗来说，就是“日晕”“月晕”或“冰晕”。

简单的日晕几乎人人都见过，如这种全球各地一年四季都可以出现的“22°晕”。我们可以通过简单的动作判定22°晕，如果伸直手臂，张开五指，大拇指尖对齐太阳，小指尖所对的差不多就是22°晕。

“22°晕”色彩鲜明，内红外紫，红色往往表现得较清晰而紫色不明显。出现22°晕的卷云中存在数以百万计的六角柱状冰晶，大家可以想象2B铅笔的形状，当六角柱状的垂直轴，相当于铅笔笔芯垂直于太阳光时，经过折射就形成了22°晕。

有一些光、晕能与22°晕单独或组合出现，如“幻日”其实就是多日；幻日光环就是“白虹贯日”；而这种“天空的微笑”则被称为“环天顶弧”；而这种燃烧的云彩则是“环地平弧”。

出现“环天顶弧”的卷云是由扁平的六角片状冰晶组成，光线从冰晶的上平面进入，经折射从侧面射出，表现为靠近天顶的接近半圆的彩弧。

“环地平弧”也出现在具有扁平六角片状冰晶的卷云上，位置接近地平线，是光线从冰晶的侧面进入，在下平面射出。表现为燃烧的云彩。

偶尔仰望天空，这些美丽的光学现象会让我感到惊喜，但有一些光晕带给我们的则是震撼，让人感叹自然的神奇。

除了揭示各类被观测到的大气晕族，人们也推测出一些并未被实际观测到、但理论上可能存在的晕族，这张由科幻作家插画师罗恩—米勒(Ron Miller)创作的火星天气，通过对干冰晶体的合理想象绘制了火星上的晕，或许将来有一天人类真的可以在火星或者别的星球上一睹这样的奇观！

简单的“晕”折射了人类认识自然世界的过程，愿我们秉承好奇与热爱、怀着敬畏之心来欣赏自然的壮观与美丽。

雷电及公众防雷小知识

浙江省湖州市气象局　郑海忠

今天我讲解的题目是《雷电及公众防雷小知识》。

首先，我要说一个近期发生的新闻事件——气象主播被雷击。我们可以看到当时主播正在进行现场播报，突然身后一道闪电划过，主播随即扔掉了手中的雨伞。据当事人回忆说，当时就感觉手臂发麻，这也正是被雷击的症状，不过，还好没有被这个雷电直接击中，否则后果会不堪设想。

夏天到了，雷电也将进入高发期，今天我们就一起来了解一下雷电的相关知识。

雷电是大气中发生的一种剧烈放电现象，放电时会产生较大的热量，使周围空气急剧膨胀，造成隆隆雷声。雷电，顾名思义是"打雷"和"闪电"，闪电分为正闪和负闪，若按发生的位置可以分为云内闪、云地闪、云际闪三种，给人类造成危害的往往是指云地闪，它是指雷雨云和大地之间的放电现象。

接下来我们来看一下我国雷电分布情况，从图中（略）可以看到，颜色越深的地方就是雷电活动越频繁的地区，像我国的华南、西南南部及青藏高原中东部就是雷电的高发地区。因此，这些地方的民众更要重视雷电的防护。

下面我来介绍一下个人防雷的基本原则，总结一下可以归纳为六个字：学、听、察、断、救、保。"学"就是要学习相关的防雷知识；"听"就是大家可以通过各种渠道，比如通过广播电视，收听收看各级气象部门发布的雷电预警信号;“察”就是指观察天气的变化情况;“断”指打雷时,要断开家里的电、煤气等灾源;“救”就是受雷电灾害时,要利用掌握的救助知识,进行自救和互救;“保”是说除了保护个人自身之外,还可以通过购买防灾保险的方式,减少经济损失。

最后我要介绍的是室内外的防雷须知:在室外我们遇到打雷时,要迅速躲入有防雷装置的建筑物内或者山洞内,如果你正好在室外游泳或划船,应立即上岸;在空旷的场地不要使用有金属尖端的雨伞,也不要把铁质农具扛在肩上;这个时候你也最好不要使用摩托车、电动车等交通工具赶路了。您要是在户外碰到雷击伤人情况,要迅速报警求助,同时进行必要的急救措施。打雷闪电时在室内相对来说会比较安全,但如果不确定防雷设施是否完善时,还是要做到以下几点:要关好门窗,远离金属门窗、金属幕墙、电源插座等,还有就是要拔掉家里所有用电设备的电源线,另外,也尽量不要使用太阳能热水器洗澡,这是因为通过太阳能热水器也可能会引雷上身,是非常危险的。防雷安全,从你我做起。

雾、霾那些事儿

天津市气象局　孙　悦

今天，我要跟大家聊一聊“雾、霾那些事儿”。

提起雾、霾，大家肯定不会陌生。近年来，每逢秋冬总有那么几天近在咫尺却远在天涯的日子。但我们发现很多人并不知道雾和霾其实是两种不同的天气现象。

雾就像落在地面的云，它是由微小水滴或冰晶组成的水汽凝结物。雾滴的尺度在3～10微米，肉眼可见。它能使水平能见度小于1千米。雾多发于高山、海滨、乡村，在城市群中反而较少见。而霾则是由大量极细微的颗粒物造成的空气混浊现象。它能使水平能见度小于10千米。形成霾的微小颗粒物的尺度大多小于1微米，肉眼很难看见。

除了这些，雾和霾的成因也不同。雾的成因有很多，简单来说，雾的形成一定是在大气中水汽含量逼近或达到饱和时发生的，且有一定量的颗粒物作为凝结核。

而在我国东部地区，空气中充斥着过量的凝结核，大量凝结核争食水分，雾就很难形成了，霾却很容易形成。这些过量的颗粒物主要来自人类活动，如工业排放、汽车尾气、建筑扬尘等。大量污染物的排放当然是形成霾的罪魁祸首，而逆温层的出现更为霾创造了有利气象条件。逆温是指高空的气温比低空气温更高的现象，它就好比一个锅盖覆盖在城市上空，锅盖里的污染物很难通过对流扩散出去，就在近地面层堆积，霾就很容易生成了。

总之，雾和霾从成分到成因都并不相同。这也是为何气象部门要对其进行分类监测的原因。日常生活中，我们也可以从颜色上有个大致的判断。乳白色的一般是雾，黄色或橙色的一般是霾。

每当雾和霾发生的时候，我的微信朋友圈还会出现一些脑洞大开的段子，比如这条“舌尖上的雾、霾”——他说各地雾、霾有各地的“风味”，咱天津的入口之初有月季（市花）的醇香又有绒毛白蜡（市树）的坚韧，细品又有海鲜的味道，回味又像是被天津快板挑逗的感觉，不知道大家有没有同感。但是无论是什么味道的雾和霾，其带给我们更多的是危害。它们会使大气能见度降低，直接影响交通安全，那些可吸入人体肺部的微小颗粒物会影响人体健康。所以在这样的天气里，尤其是老人和儿童要尽量减少外出，在室内使用空气净化器。如果大家一定要外出，请记得佩戴专业防护口罩，它的密封性强、孔径非常小，能有效对抗雾、霾的侵袭。

但我们都知道，再有效的预防，也不如彻底和它们说再见，当务之急就是减少污染物的排放。这就需要我们更多地选择绿色出行方式，尽量践行低碳环保理念，真正加入到这场“蓝天保卫战”的队伍当中。

我为地球量“体温”

青海省气象服务中心　田　冰

如果你发烧了，你会用什么量体温？对，体温计！可是，如果我们生活的地球发烧了，你怎么给她量体温呢？我就是为地球测量体温的人，我来自世界屋脊青藏高原的东北部——青海。那我是怎么给地球量体温的呢？你可能会想到：地球的“腋下”在哪儿？得用多大的“温度计”？测量时间也是1分钟吗？……

别着急，大家看，这是在我们青海境内、地处青藏高原东北部的瓦里关山，在蒙语里，它的意思是“神山”！要问它神奇在哪儿？坐落在“神山”上的中国大气本底基准观象台就是我给地球量体温的地方！这可是目前世界上唯一一个设在欧亚内陆的全球大气本底站。和人的“腋下”不同，我选在海拔3816米的瓦里关给地球量体温有两个原因：第一，这里的空气非常干净，方圆50千米范围内没有大的污染源；第二，高海拔有利于空气扩散，我测得的数据会更准确。

再来说说我那不一般的体温计，它们是专业的气相色谱仪和温室气体在线观测仪。这些好帮手不只工作1分钟，而是每天24小时观测；不是贴着地表测量，而是采集、监测这些没有人为污染、充分混合后的大气中的温室气体。

说到“温室气体”，可不是温室大棚里的气体呀！温室气体的主要成分是二氧化碳，当然它还包含很多其他成分。这些气态物质会在大气中滞留很长时间，阻碍携带热量的红外线扩散，导致大气温度上升，这就是“温室效应”。

我们人的体温一般 36 ℃左右，而地球表面的平均温度是 15 ℃。如果没有温室气体，地表温度就不会超过 −18 ℃，这对于地球上的动植物和人类来说都太冷了！所以温室效应可以为地球上的生物们提供适宜生存的温度；但如果人类的某些活动加大了温室气体的排放量，就会放大温室效应，地球就可能“发烧”了。

这是“瓦里关曲线”，是我在瓦里关 20 多年来监测到的二氧化碳曲线图。大家看：它的浓度是在持续不断增加的，这正是造成全球变暖的直接原因。所以，我为地球量体温可不是一分钟能完成的，而是需要多年累积。我监测的时间越长越能说明地球“发烧”的程度和速度。

人如果发烧，可能浑身无力，地球其实也很脆弱，全球变暖会引发海平面上升、冰盖消融、旱涝不均、极端天气频发等灾难……所以，请记住这条代表欧亚大陆二氧化碳增加的曲线！除了青海瓦里关，世界上还有 30 个全球大气本底站共同绘制着这条人类的命运线！就让我们像爱惜自己的身体那样，低碳生活，用行动为地球降温！

互联网+果园

云南省气象服务中心　江慧敏

云南有一种特有的水果，红梨，它的果肉细嫩香脆，汁多味美，颇受消费者青睐。这与它生长的地理、气候等环境因素密不可分，但是云南干湿分明的季风气候又给种植红梨的果农带来不少麻烦。云南5—10月的雨季降水量约占全年的85%以上的，而每年11月至次年4月的干季，降水仅占全年的15%左右。更糟的是，近年来全球气候变暖，云南的降水变率加大了，尤其是2009年以来的严重干旱，导致红梨产量、品质双降。干季灌溉成了果农们面临的一大难题。

2014年，云南的农业气象科研人员就下定决心，要以中央财政“三农”气象专项带动科技创新和技术融合的方式，啃下这块硬骨头。三年过去了，果园里都发生了什么呢？

这是果园小气候监测仪器。它的主要目的就是根据土壤水分自动监测的数据，结合红梨各个生育期需水量，建立红梨节水灌溉模型，指导果农灌水。

这是每棵梨树根部都有的四面挡板，大家可以猜一猜它能发挥多大的作用？这是针对山地果园地形，减少灌溉水流失的举措。小小挡板的作用可不容小觑，经验证，加了挡板后每亩[①]地可节水约12.75吨，平均节水率66.8%，大大提高了水资源的利用率。

① 1亩≈666.67平方米。

这是地表覆盖的三叶草，是提高土壤蓄水能力，减少水分蒸发，确保果树度过干季的关键，它还能提高土壤肥力。

这是间作非同科秆科作物，白菜、辣椒、番茄，这些作物在保持土壤水分的同时，提高了土地利用率，提升了果园的经济收益。

再来看看拉网架网技术，就是在园中架设绳索网，网面与地面45°倾斜，把红梨主枝就近搭靠在网上。这样做有诸多好处，比如加强通风效果，改善了雨季高温、高湿、日照少等不利气象条件；扩大树体受光面积，增强果树光合作用能力；减轻病虫害发病率；有利于红梨养分积累、着色和质量提高。

目前，云南的农业气象专家们将这一创新性技术，推广到了昆明的6个县市，300多亩示范基地。每亩地平均产量为450吨，产值225万元，要知道这跟传统的种植方式相比可是翻了两倍之多呢。

当然，红梨果园农业气象创新技术的应用还远不止这些，科研人员集成上述技术成果，开发了手机智能控制APP系统。只要一部小小的4G网络智能手机，就可以远程实时地进行干旱监测、水分调控、节水灌溉、施肥和喷药。这一成果不仅拓展了气象直通式服务领域，其中的“无线墒情及灌溉控制装置”还获得了国家知识产权局授权专利。您说，在这个“互联网＋”的时代，我们的果园是不是也可以称作“互联网＋果园”呢！衷心希望这凝聚着气象人心血的创新技术能够得到更多的应用和推广，让果农们能够从容应对不利天气，并从中受益。

接下来，就邀请大家融入我们的智慧果园来尽情地品尝这酸甜可口、汁多味浓的红梨吧。

空中彩虹桥　心间七色梦

淮北市气象局公共服务中心　卢晓婷

如果天空出现了彩虹，当时没看到也没关系，因为只要打开“朋友圈”，就会被满满的彩虹图片刷屏，大伙的喜悦亢奋溢于言表。我们看到空中的彩虹桥会不由自主嘴角上扬，大概是因为心里有一个七色梦吧，那里充满了童趣、纯真和希望。

今天，我就带大家一起走进彩虹的世界，来探索一下这道纯净的绚丽。小学课本上就说过，彩虹是太阳光照射到空气中的水滴，光线被折射和反射，在天空上形成红、橙、黄、绿、蓝、靛、紫的拱形七彩光谱。言简意赅，但不够细致。

在翻阅了很多资料之后，我终于慢慢地了解并且爱上了这片摸不到的颜色。彩虹就是光和水之间碰撞出来的爱的火花，男女主角就是天空中的阳光和空气中的水滴，我们的阳光女主角眼光高，只能看上接近圆形的水滴男主角，然后害羞地在低低的位置仰望对方，当双目交汇，女主角的七色光线便会在男主角晶莹的皮肤上折射再反射出七彩斑斓的爱情产物——彩虹。水滴体积越大，反射角度越接近 42°，这缤纷的颜色就会越鲜艳越明亮，越让我们这些“吃瓜群众”欢呼雀跃。

所以只要有水有光就有可能碰撞出彩虹，比如在阳光下，喷泉或瀑布的周围、洒水车的身后，甚至对着空中喷雾都会看到彩虹的缩影。我们在家也可以自己小试牛刀，你可以准备一张白纸当天空，一只盛满水的玻璃杯当男主角，一个照明设备当女主角，然后按照这样的布局摆放一下，就有可能感受见证奇迹的时刻。其实这些道理大家都懂，那我就说一些稍微冷门一点的吧。

彩虹其实是个双生姐妹花，一个是我们刚才说的“虹”，还有一个是光线反射两次之后出现的“霓”，由于强度弱，所以不常见。更不常见的是，当夜幕降临，月亮反射的七彩光在空中遇到云雨滴的话也可能出现彩虹，叫作月虹。还有更“扎心”的就是，彩虹并不是我们看到的弧形，她其实是一个完整的圆！我们看不到的那一半是在地平线下，所以我们会发现有些彩虹很短，有些却是完整的半圆。有人就说了我想看完整的彩虹！我想说的是：你咋不上天呢？我是认真的，你看这就是一个摄影师在天空中拍下的完整彩虹，是不是很壮美！有人又要问了：彩虹那么赞，你们气象局怎么不提前做预报让我们有个准备呢？我想说的是：拜托！要是彩虹都能预报了，那生活还有什么惊喜?!

这就是今天和大家分享的彩虹科普，最后用一句歌词小小地升华一下：我们心中的七色梦，其实就是光，只要心还透明着就能折射出希望！

朵拉历险记——气象与安全(幼儿版)

广州市气象科普教育基地　赵　琴

Everybody attention,不管你是谁,现在统统变身小朋友,因为我们要和朵拉一起去探险了!

朵拉是一个勇敢聪明的小女孩,现在在全世界探险旅行。有一天,她收到了好朋友布茨的来信,朵拉的姥姥快要过生日了,朵拉要回去参加姥姥的生日派对。

要回家,就要经过暴雨森林,台风海滩,龙卷山谷。于是,一段惊险的旅程就此展开了……

首先,她们要穿过暴雨森林。小朋友们,你们听,这是什么声音呀?"哗啦啦啦"下雨了。如果按雨量来区分的话,我们可以把雨分为毛毛雨、小雨、中雨、大雨、暴雨、大暴雨和特大暴雨。如果降水量太大的话,就会造成山洪爆发、城市内涝和泥石流。

那小朋友们,你们知道吗?当气象局发布了暴雨红色预警信号的时候啊,我们的幼儿园、中小学就该停课了,小朋友们要尽量待在安全的地方,不要外出哦!

你们看,朵拉和布茨就来到了山洞里面避雨。

等雨过天晴之后啊,她们再出发,下一个目标是台风海滩。

哇,大海、沙滩,真是太好玩了!可是,这时候越来越多的云出现了。是什么要来啦?啊!原来是"大怪兽"台风要来了。好可怕啊!

那小朋友们,你们见过台风吗?你们知道台风来袭时,我们应该怎么办吗？对了，我们不能去沙滩，更不能下海游泳。要远离大树、铁塔和广告牌。尽量待在室内，加固门窗，检查好电路、煤气是否安全。

当气象局发布了台风黄色及以上预警信号的时候，我们的幼儿园、中小学又该停课了。

你们看，朵拉和布莰就来到了房间里面躲避台风。

当台风过境之后，她们又要出发了。下一个目标是龙卷山谷。

龙卷风是一种强烈的、小范围的空气涡旋，是像陀螺一样高速旋转的强烈旋风。我们来看看龙卷的真实样子吧，哇，它比“大怪兽”台风还要厉害，破坏力好大啊！

那小朋友们，如果我们遇到超级“大怪兽”龙卷风又应该怎么办呢？我们要远离汽车、大树和电线杆。要朝着龙卷风吹来路径的两边逃跑，躲到建筑物里面，最好是躲到地窖里去。

你看，朵拉就快速地朝安全的地方逃跑了。

在躲避了种种危险之后啊，朵拉和布莰终于坐上了回家的小蓝火车。

“哦，我的宝贝们，很高兴见到你们，欢迎你们来参加我的生日派对！”

小朋友们，今天我们的故事就讲到这里了，希望你们每一个人都能认识天气，了解天气，懂得气象安全小常识。我们下次再和朵拉一起去探险吧！

雷 电

山东省日照市气象局 李郑婧

电闪雷鸣，震撼人心！

雷电是发生在大气中的一种自然放电现象，是众多天气现象中的一种，发生时产生强烈的闪光，并伴随巨大隆隆爆炸声，是一种既恐怖又壮观的大气物理现象。在任何给定时刻，世界上都有约一千八百场雷雨正在发生，每秒大约有一百次雷击。全世界每年惨遭雷击的多达四千多人。

在古代，由于对自然界的认识不足，人们为了解释雷电现象，创造了各种各样的神话故事。中国有雷公电母，北欧神话中也有雷神托贝的传说。

而我们作为崇尚科学的现代气象人，则对雷电做出了系统的科学解释。雷电的产生一般在对流相对发展旺盛的积雨云中。在积雨云形成的过程中，它的某些部分积聚起正电荷，另一部分积聚起负电荷，当这些电荷积聚到一定程度时，就会产生放电现象，形成雷电。

当带有电荷的雷云与地面的凸起物接近时就会对其产生强烈的放电，越高的建筑物越是吸引雷电，所以高处更易遭受雷击。除此之外，雷电产生的高温、猛烈的冲击波以及强烈的电磁辐射等物理效应对于建筑物、通信设备、航空航天领域等都存在极大的威胁。

为了防止雷电对我们的伤害，我们要懂得如何规避雷电的风险。因此，当雷电来临时，我们要做到在室内关好门窗，不要使用家用电器，不要触摸金属物体，不宜使用水龙头。在室外时要避免位于旷野、山顶，不然你就会变成人体避雷针，要远离树木、电线杆、烟囱等尖耸孤立的物体，防止“城门失火殃及池鱼”，在旷野行走时，更不要将金属物体，例如锄头、铁铲等扛在肩上。

当然，自然万物都有其两面性，雷电同样如此。据测算，全球每年仅因雷电落到地面的氮肥就有四亿吨。如果这些氮肥全部落到陆地上，等于每亩地施了约二千克氮素，相当于十千克硫酸铵！其次，雷电能促进作物生长，由于雷电在发生时，受强大的电位差的影响，植物的光合作用和呼吸作用增强，因此，雷雨后一至二天内植物生长和新陈代谢会特别旺盛。除此之外，雷电还能制造负氧离子。在雷雨后，空气中高浓度的负氧离子，使得空气格外清新，人们感觉心旷神怡。

了解了雷电的相关知识，当我们再面对它的时候是不是就要从容淡定许多呢？

漂浮的“棉花糖”

陕西省临汾市气象局　刘皓雪

“爸爸、爸爸，你快看，天上有一大块棉花糖哟！”

“宝贝，那不是棉花糖，那是云，你最喜欢的雨就是从那里来的。”

“可是爸爸，为什么云会漂浮在空中，掉不下来呢？”

孩子们的世界总是充满着好奇，就像我们小时候一样，可能都有同样的疑惑。

其实云是由许许多多的小水滴和小冰晶组成的，只是我们的肉眼看不到而已。天空中的水汽来自我们的地球，地球表面的三分之二都是水，每天都会有很多水汽向高空飘去，这些水汽向上飘呀飘，没想到越往上越冷，冷到一定程度的时候有些水汽就在空中待不住了，于是它们就抱在一起取暖。另外，空气中除了水汽之外，还漂浮着很多我们看不见的细小颗粒和尘埃，那些抱在一起取暖的水汽，一下子粘到这些东西身上，越粘越多就形成了小水滴。无数的小水滴聚合在一起就形成了云。

虽然一片云有时可以达到几吨重，但是由于云的体积非常大，它所受的浮力也很大，而且空气流动所产生的上升气流托住了云，所以它不会掉下来。但是如果温度突然降低，空气中的湿度增加，会使云朵内的小水滴体积变大，当水滴大到气流不足以支持它的重量时，它就会落向地面，于是就下雨了。所以说，一定条件下云是会落到地面上来的，只是变了个模样而已。

实际上，我们已经无数次的和云有过亲密的接触。云扮靓天空，也滋润万物。为了天空中这片纯净的棉花糖，大家一定要保护好我们的大气环境。

谈雷色变

厦门市青少年天文气象馆科普教育基地　王　帅

屏幕上的这三个画面，想必不少“三生三世”的粉丝一定会印象深刻：夜华小时候飞升“上神”就开始被雷劈，长大后为了素素，又要被雷劈，最后继承个太子位，还要被雷劈……看来啊，雷电在这部戏中的角色，非常重要！而就在前几天，一则名为“气象主播被雷劈”的新闻，成功上了微博热搜排行榜！乍一看，以为这位同行，是要飞升“上仙”的节奏啊！

不少人都说，你看这雷是从天而降，真的是防不胜防。那么问题来了，第一，雷真的是从天而降吗？第二，雷真的是防不胜防的吗？

对于第一个问题：大家一定都知道正、负电荷吧！一般来讲，天空中的雷暴云下方带有负电荷，而地面感应出大量的正电荷，正、负电荷互相吸引，云里的负电荷向下跑，地面的正电荷向上跑，在它们接触到的那一瞬间，闪电通道，“啪”的一下就导通了！于是，闪电就这样形成了！所谓一个巴掌拍不响，所以这雷啊，其实是云层和地面共同作用的结果。如果这个时候，您站在高处，又举着有金属杆的雨伞，你所带有的正电荷，当然会比地面更早与负电荷接触。于是，就诞生了一根“野生”的避雷针啊！不过啊，说到避雷针，它可是一个“名不副实”的词儿。如果你以为躲在避雷针旁边就安全了，那可就大错特错了。其实它的作用，并不是避免房屋遭受雷击，而是“引雷上身”，通过引线将雷电流引入地下，从而起到保护建筑物的作用。因此，与其说是避雷针，不如叫它引雷针更为贴切。

对于第二个问题，既然避雷针不避雷，那我们到底该怎么防御呢？

雷雨天气走在路上，高耸孤立的建筑，咱还是离它远一点好，快速躲进屋里；如果您正在开车，则大可不必担心，因为车内算是个不错的避雷场所；如果置身荒郊野外，最简单“粗暴”的方法，就是立刻并拢双脚蹲下，双手放在膝盖上，并且身体前驱。下次遇到雷雨天气，您知道该怎样做了吗？

其实呢，雷电真的是无处不在的，每年全世界有10亿次雷电的出现。意味着平均每秒钟有33个雷电发生。我国平均每年因雷电造成约550人死亡，财产损失为70亿～100亿元。人员伤亡是仅次于暴雨洪涝、气象地质灾害之后，名列第三的气象灾害。

因此，雷电的防御真的非常重要。网络上的娱乐八卦、现实生活的奇葩事件已经够“雷人”的了，遇到真的雷电，还是不要再被“雷”到了为好。

大风起兮，避之利之

福建省气候中心　陈　思

风是我们最为熟知的天气现象。风也是我第一个职业伙伴，但我对它又爱又怕。爱是因为风能让我们非常富有；怕则是因为风也能让我们瞬间一无所有。

根据国家标准，风力被划分为18个等级。

用一个形象的类比，3级的微风犹如一只粉底刷，轻轻拂过你的脸，你还能保持优雅的笑容；而10级的狂风犹如一记耳光，扇得你头晕眼花，面部变形，所以得赶紧躲起来，一直被扇肯定不好受啊……

那么当风力达到8级时(17.2米/秒)，则称之为大风，8级以上的风容易造成灾害。

大家都记得2016年的“莫兰蒂”台风吧，登陆时最大风力15级，瞬时最大风速达到87.5米/秒，什么概念？就等于两秒不到跑完百米。

“莫兰蒂”台风让福建省近180万人受灾，经济损失达169亿元。其中80%以上的风灾损失来自人类建设的结构工程。

什么是结构工程？举些例子。小型的结构工程就如广告牌、电线杆，它们在大风面前脆弱不堪，所以我们一定要避开。像桥梁这种大型的结构工程，遭遇大风时会发生可怕的扭动，这是由于桥梁在不同位置受到不均匀的风速侵袭。这种风速的不均匀就叫作风切变。

类似的道理，高层建筑遭遇大风时有摇晃感，这是由于风切变造成的。我们都知道越高的地方风越大，但风速增大的过程是不均匀的，这就导致各个高度因受风压力不均匀而产生剧烈摆动。这就是为什么大风会摧毁那些看似坚固的结构工程。

那么我们要如何设计抗风的结构工程呢？那就是用当地多年一遇的平均风速来做设计基准。

通常，在成本优先的情况下，居民建筑物设计基准五十年一遇就可以了，桥梁则需要百年，而核电场必须达到千年以上，才能万无一失。

说了这么多，好像大风很可怕，其实它也不是一无是处的。

福建地处台湾海峡西侧，海峡狭管效应无形中加大了风速。因此，福建是我国沿海风资源最为丰富的区域。风力发电场已成为福建沿海的一道独特风景线。风能这种清洁能源为改善环境质量、加速经济发展做出了巨大贡献。

一台常见的风机满负荷运转的情况下，转一圈就能赚 1.1 元。如果风机连续工作 24 小时，就能产生超过三万元的经济效益，发电量近五万度，可以满足一个三口之家至少十二年的用电量。真是风机转一转黄金滚滚来！

所以，面对大风只要能够趋利避害，就算大风再狠，也不用怕。

趣味识云

吉林省气象服务中心　王　耸

今天，我要给大家介绍几位朋友，它们长得像团棉花糖，高高挂在蓝天上，千姿百态变化多，小小雨滴里面藏。它们有一个美丽的名字叫作云，它们的能耐可大着呢，可以帮助驱动水循环和整个气候系统，像天气的表情，在预报预警中起着至关重要的作用。那么如何能“听懂”它们的语言，从而识别天气形势呢？请跟随我的脚步，走进云的世界。

根据云底高度和外貌，云分为高、中、低三大家族。

首先来到高云家族，它们调皮年少，喜欢待在 5000 米以上的高空，兄弟三人分别叫作卷云、卷积云、卷层云。卷云轻薄如丝屡，形似羽毛；卷积云顾名思义，就像好多卷云聚积在一起，它们关系很要好，预示晴天，透过它们可以看到日月星光；卷层云云底云顶平坦，一般不产生降水，可它和兄弟们不同，它很善变，偶尔会演变成其它家族成员，导致降水天气产生。

再看中云家族，两位是一对中年夫妻，性格阴晴互补，待在 2000～5000 米高空，名唤高积云和高层云。高积云云块较小，成群成行波状排列，薄的高积云稳定少变，一般预示着晴天；高层云有所不同，云体均匀成层，分布较广，可降少量雨雪，常由高云家族的卷层云变厚或低云家族的雨层云变薄而成。

最后看低云家族，住着一群性格各异的长者，待在较低的 2000 米以下的高空，分别是积云、层积云、层云、雨层云和积雨云。积云，一位慈祥可爱的老奶奶，像一朵小棉花，和卷积云、高积云一样，预示晴天；层积云，如同积云排成行，它薄薄一层时不要紧，可是当它变得低而厚一副气鼓鼓的样子，要小心会降小雨喽；层云，老爷爷一样，呈灰色，常常笼罩在山腰；雨层云，脾气暴躁，水平分布范围广，低厚均匀，出现四小时之内会降水，且降水会持续几小时；积雨云在家族的地位举足轻重，云底黑来体积大，雷声电光伴随它，雨量虽大咱别太怕。

纵观十种云，卷云、卷积云、高积云、积云预示着晴朗天气，但目测观云也有局限性，一定条件下，云之间也会相互转化，要仔细地观察，掌握动态变化规律，才能更好地识别出天气形势。

厉害了，我的观测“神器”

广东省肇庆市科普教育基地　李丹丹

说到观测“神器”，就不得不提我们气象观测场中的雨量计了，它可是我们观测业务中的重要角色。

记得有一次在给大家做雨量科普的时候，有人问我，为什么明明自家院子里的桶都接满一桶雨水了，天气预报却说降水量只有2毫米？还有人问过我，天气预报中说当天下了暴雨，可是他只看到了淅淅沥沥的小雨，这是怎么回事？

其实气象观测中所谓雨量，一般是指24小时降落到口径为20厘米的雨量桶中，所测得的雨量数据，精确到0.1毫米。

传统的雨量观测，是由观测场中的雨量筒收集雨水，雨量筒是由承雨器、漏斗、储水瓶组成，当收集好雨水后，观测员再将储水瓶的雨水倒进专用量杯中测量，通过量杯上的刻度可以换算成雨量值。您以为这就是我们的观测“神器”了吗？不，当然不是！当太阳出来时雨量筒中的雨水就会蒸发，大风来了，不听话的雨水就会随风飘散。强降水的时候，由于雨势大，雨量筒很快就会满了，这时观测员需要顶风冒雨去更换雨量筒，在这个过程中手速再快的观测员都会丢掉许多雨水，造成较大的误差，这不仅使天气实况数据的可靠性变低，还给我们的预报预警造成了困扰。那怎么办呢，没关系，随着气象科技的不断发展，气象观测也越来越趋向于自动化，使得上述这些难题，翻个跟斗就能解决了。

下面有请我们的观测“神器”翻斗式雨量计闪亮登场！看到这

个，您肯定很奇怪，外观上不是和我们刚才看到的传统雨量筒一模一样吗？其实它内有“乾坤”。您看，它里面由承水器、翻斗和计数部件等精密仪器组成。雨水通过承水器进入翻斗，里面的两个斗室就像跷跷板一样，一头承受的积水量达到预定值（一般设置为0.1毫米）就会失去平衡，翻转一次，而每一次翻斗倾倒，计数部件就会记录下来，如此往复即可将降雨过程测量下来。翻斗式雨量计，它省心、细心、贴心，解放了人力，提高了效率，对雨量进行不间断的记录，同时避免了外部因素干扰，大大提高了雨量测量的准确率。现在通过我的讲解，大家应该知道我们气象观测中的雨量和您家桶里接的雨水不一样了吧。

那好，今天的介绍就到这，其实在我们神奇的观测场中，还有着许许多多这样的“神器”代替了传统的人工观测，下次再让我带着您一起去了解更多内容吧！

龙卷风

内蒙古赤峰市气象局　高鹤鸣

周杰伦的《龙卷风》大家一定听过，“哦，爱情来得太快就像龙卷风”，他还挺了解我的特性，对，我的特性之一就是“快”。

1971 年，美国芝加哥大学的气象学家藤田博士根据我的风力和破坏程度将我分为 F0 到 F5 共六个等级，英文字母“F”取自藤田博士姓氏的首字母。其实我还挺喜欢这个等级名称的，因为有 F1（一级方程式 Formula Ⅰ），听着就有速度感，没错，我就是喜欢奔跑。

EF0 等级，我每小时能跑 100～140 千米，这个时候如果我出现在高速公路上，就已经超速了。这速度一起来，我的另一个特性就显现出来了，那就是破坏力，EF0 等级的我虽然相对较弱，但还是足以把烟囱和树枝吹断。

当我可以把一辆汽车刮飞，把一幢牢固的房屋夷为平地时候，我就已经达到了 EF4 级，这个时候的我每小时能跑 300 千米左右，但这还不是我的最好成绩。

我最快能跑到每小时 390 千米，相当于每秒跑 100 米，说话这段时间我都能横穿整个呼和浩特市了。这个时候的我更是大得惊人，能将房屋完全吹毁，汽车完全刮飞，路面上的沥青也会被刮走，货车、火车、列车全部脱离地面。一些气象学家计算发现，我在肆掠的一个小时内所释放的能量区间值相当于 8 至 600 倍的广岛原子弹。

所以大家都不欢迎我，但是这并不能阻挡我的热情，我很喜欢旅游，足迹遍布世界各地，其中最喜欢美国，平均每年都要去 800 次左右，还有英国、新西兰、澳大利亚、日本等国，这些国家都是我常去的。哦，对了，中国，我只喜欢中国的华南和华东地区，还有南海的西沙群岛，那儿可真美。

可是那么美的景色，在我经过之后都会变得一片狼藉，其实我也不是故意的，我是受到了水汽的指引，在充足水汽的指引下，不稳定天气背景的“蛊惑”下，再遇到适合我奔跑的平坦地面，我很快就失去了自控能力，对于因为我而造成的灾害，我表以深深的歉意，希望科学家们能找到方法掌控我，将我的风能充分利用，造福人类。

我的破坏力实在太大了，为了表达歉意，在这里我要跟大家分享一些龙卷风的预防措施。

当我出现的时候，如果您在外面，记住千万要往与我相反的方向逃跑，趴在低洼处双手护住头部，同时远离大树、电线杆和高墙等高大建筑物，以免被砸伤。如果您在家中，利用好身边的一切防护装备，躲在狭小的空间内，家中如果有地下室，最好藏在地下室里，那里才是最安全的躲避之处。

美丽的彩虹

广东省东莞市气象天文科普馆　王隶娟

隶娟："大家好，我是东莞市气象天文科普馆的讲解员王隶娟。每年从4月份开始，东莞就会进入雨季啦。雨一直下是常有的事情！"

来福："咳咳，隶娟姐姐，怎么没介绍我呀，都被雨淋了，真是'蓝瘦，香菇！'"

隶娟："噢，对了，忘了向大家介绍你，这是我的搭档——最爱打破砂锅问到底的天气狗来福。"

来福："这还差不多，刚才我差点打翻咱们友谊的小船。隶娟姐姐你看，雨停啦！哇！有彩虹！"

隶娟："不经历风雨，怎会有彩虹呢？彩虹的美是经历风雨后的礼物，而从气象学的角度上来说它的形成可不一般呢。"

来福："哦？这彩虹可真会玩，有7种颜色呢，那是为什么呢？"

隶娟："想知道吗？这里面可大有学问哦。"

隶娟："来福你知道牛顿吗？"

来福："知道啊！他可是鼎鼎大名的科学家。"

隶娟："对，就是那个科学家牛顿，他把一面三棱镜放在阳光下，透过三棱镜，光在白墙上被分解成了不同的颜色。来福，给你定个小目标，给大家数数都看见了什么颜色？"

来福："有红、橙、黄、绿、蓝、靛、紫7种颜色呢！"

隶娟："没错，这就是我们平时看到的彩虹的颜色啦！其实我们日常生活中彩虹的形成也是同样的原理哦。"

来福："是吗？"

隶娟："下雨时的雨点就类似于牛顿手里的三棱镜，当太阳光照射到半空中的雨点时，光线以不同的角度入射到水滴中，然后再以不同的角度被反射以及折射回来。在这其中以40度到42度的反射最为强烈，最终这些被强烈反射回来的光线就形成了人们日常生活中见到的彩虹了。"

来福："哇，隶娟姐姐'猴赛雷'啊，那为什么彩虹的形状是弯弯的，像座小桥一样？"

隶娟："你果真是爱打破砂锅问到底的天气狗狗，不过这难不倒我，就是当我们把反射最强烈的光线连接起来后，就会形成一个圆锥体，而这个圆锥底面的圆弧就是彩虹。不过，由于方位问题我们看到的通常只是彩虹的一部分，也就是你说的'弯弯的，像小桥一样'。而只有在某些特定的情况下才能看到完整的彩虹哦。"

来福："哦，那我就明白了，so easy！"

隶娟："来福接受知识的速度可真快！对了，其实彩虹跟我们的天气还有密不可分的关系哦。比如说'东虹日出，西虹雨'，就是告诉大家，通常情况下如果彩虹出现在东方，本地就容易出太阳，而如果彩虹在西方，则说明这里很可能就会下雨。"

来福："哇，可真是厉害了，我的彩虹！如果我每天都能看见彩虹，那该多好啊。"

隶娟："来福你别伤心，我来教大家一个小妙招，只需要一张普通的光碟，我们将它反面朝上，在光线的照射下，通过调整角度，光碟上就会出现有缤纷的色彩，仔细观察还会发现这些彩色的光与彩虹的颜色一样哦。"

来福："哇！我要给隶娟姐姐点个赞！"

隶娟："好了，今天的时间也差不多了。如果你对气象方面的小知识感兴趣的话，可以随时来东莞市气象天文科普馆找我哦。"

来福："嗯嗯，谢谢隶娟姐姐告诉了我这么多关于彩虹的知识。那我改天再来找你哦。再见！"

隶娟："再见。"

天气预报能 100%准确吗？

陕西省渭南市气象科普教育基地　马力薇

生活中，很多朋友向我吐槽："××，你们天气预报有些时候不太'靠谱'，明明说第二天多云，结果我被雨淋成了'落汤鸡'，明明说今天大雪，结果眼巴巴盼了半天也没见着雪花。"针对这个问题我会这样告诉他："天气预报它属于预测科学，预测科学不可能完全准确或者永远准确。"

首先，大气运动远比我们想象的要复杂。目前为止，人类对大气运动中的规律的认识仍然很有限，再加上大气运动本身还存在内在的随机性，将这错综复杂、千头万绪的种种因素搞清、吃透并在预报和模拟运算中精准、详尽地描述，几乎是不可能的事。比如，我们经常会用"东边日出西边雨"来形容天气的局部差异。有时仅隔一条马路，天气情况也可能各不相同。这种情况下，预报员不论预报下雨还是不下雨，总会使"道路对面"的朋友"很受伤"。

其次，就是天气预报技术的局限性。目前为止，最先进的预报技术是将大气的演变规律近似表示为一组数学方程式，通过求解方程组，得到对未来的天气或气候状况的预报，初值误差、计算误差也会随着时间的推移而放大。尽管世界上最先进的计算机，那种计算速度每秒上万万亿次的"大块头"就安家于气象部门，但我们依旧无法做到完美、做到极致。

除此之外，天气预报还受到观测手段的限制。卫星、雷达等仪器的诞生相当于给预报员安上了"千里眼"，但这些高科技的观测手段也是有软肋的。加上地面气象观测台站，空间间隔较大且分布不均，一些中小尺度天气现象，如雷暴、龙卷、冰雹等经常也会成为“漏网之鱼”。

另外，预报的不准确还和人们的选择性记忆有关。就像被问及什么时候最容易下雨时，大家的答案往往是“刚洗完车的时候”“没带雨伞的时候”诸如此类的调侃。

事实上，2016 年我国 24 小时晴雨预报的准确率已经达到了 87.3%。但是在气候变暖的大背景下，极端天气事件发生的概率和频率呈现增多的趋势，预报专家们也在不断发现、总结新的经验。例如，2017 年应用于业务中的精细化格点预报，它的出现就大大提高了预报的时空分辨率。

最后我想说，这个世界上，但凡预测的事情，但凡涉及未来的事情，没有百分之百的准确，随着科学技术的不断发展和人类认识水平的不断提高，我坚信，天气预报的准确率会越来越接近完美。好了，莫论风霜雨雪、阴晴冷暖，只要心里有爱，每一天都是好天气！

淘气的“圣婴”

中国气象局气象干部培训学院　陈正洪

“厄尔尼诺”是西班牙语的译音，原意是“神童”或“圣明之子”。相传，很久以前，居住在秘鲁和厄瓜多尔海岸一带的古印第安人，很注意海洋与天气的关系。他们发现，如果在圣诞节前后，附近的海水比往常格外温暖，不久，便会天降大雨，并伴有海鸟结队迁徙等怪现象发生。古印第安人出于迷信，称这种反常的温暖潮流为“神童”潮流，也就是“圣婴”潮流，即“厄尔尼诺”现象。

厄尔尼诺事件是指赤道中、东太平洋海表大范围持续异常偏暖的现象，其评判标准在国际上还存在一定差别。一般将 NINO 3 区海温距平指数连续 6 个月达到 0.5 ℃以上定义为一次厄尔尼诺事件，美国则将 NINO 3.4 区海温距平的 3 个月滑动平均值达到 0.5 ℃以上定义为一次厄尔尼诺事件。

厄尔尼诺形成的前兆包括以下三个方面的表现。风向变化和海温变化：预示厄尔尼诺的现象之一是赤道太平洋信风逆转，气压变化，海平面高度变化和环太平洋地震火山活动。旱涝反常：由于气压变化、风向变化和海温变化，太平洋东部附近的暖空气上升，令当地干旱地区发生洪涝；太平洋西部冷空气下降，令当地湿润多雨的地方干旱。南极半岛海冰异常减少，多次日食发生在两极：根据 1948 年以来的统计资料，多次日食发生在两极可激发厄尔尼诺的发生。

最为确定的影响是，厄尔尼诺事件导致全球降水量比正常年份明显增多。这导致太平洋中东部及南美太平洋沿岸国家洪涝灾害频繁，同时印度、印度尼西亚、澳大利亚一带则严重干旱，世界多种农作物将受影响。1982 年 4 月至 1983 年 7 月的厄尔尼诺现象，是几个世纪来最严重的一次，太平洋东部至中部水面温度比正常高出 4～5 ℃，造成全世界 1300～1500 人丧生，经济损失近百亿美元。

对于中国来说，厄尔尼诺易导致暖冬，南方易出现暴雨洪涝，北方易出现高温干旱，东北易出现冷夏。比起单纯的气温变化，极端天气更容易引发危险。如台风减少，西太平洋热带风暴（台风）的产生次数及在我国沿海登陆次数均较正常年份少。夏季风较弱，季风雨带偏南，位于中国中部或长江以南地区。北方地区夏季容易出现干旱、高温，南方易发生低温、洪涝。近百年来我国的严重洪水，如 1931 年、1954 年和 1998 年长江中下游地区的洪水，都发生在厄尔尼诺现象出现的次年。厄尔尼诺现象发生后的冬季，我国北方地区容易出现暖冬。

上次厄尔尼诺现象在 2016 年结束，导致作物产量受损，引发火灾和洪涝。美国国家气象局气象预报中心（CPC）称，2017 年下半年厄尔尼诺现象形成的可能性增强，8—12 月出现的几率为 50%。

让我们拭目以待吧，等待这个淘气的“圣婴”再次光临。

“白胖子”的高空奇遇记

贵州省贵阳市气象局影视中心　陈力心

今天我给大家讲解的题目叫作《“白胖子”的高空奇遇记》，在讲解开始之前，我想先请出我们的主角“白胖子”来给大家打个招呼。

（大家好，我就是那个“白胖子”。我的大名叫高空探测气球，每天都穿着用橡胶做成的衣服工作，人们在我肚子里充满氢气之后我就会有一个2.5米直径的大肚子，一斤①半的重量，所以很多朋友都才叫我白胖子。对了，我还有一个小伙伴，它叫高空气象探测仪，我每天都会带着我的小伙伴一起飞到26000米的高空为人们服务，所以说，我也是个灵活的“小胖子”。）

那这个“白胖子”到底能为大家服务什么呢？原来，“白胖子”在飞往26000米高空的“旅途”中，它将携带气象探测仪，收集不同高度的大气气压、湿度、温度以及风速等数据，为我国民航、军事、卫星发射以及气象部门提供数据支撑。

大家一般在什么时候能看到我们这个“白胖子”呢？按照相关标准，分布于全球的一千多个高空探测站都必须在每天的早、晚7时15分和凌晨1时15分这三个时间段准时放飞带有探测仪的气球。所以每天这三个时间段，我们都能准时看到这个可爱的“白胖子”升空的背影。在规定时间内，探测仪会将全球同一时段不同地点的高空温度、压力、湿度及风向、风速数据汇报至设立于欧洲的世

① 1斤=0.5千克，下同。

界气象中心，以便世界各地的预报专家对气象数值进行全面分析和判断，最终得出我们的天气预报。

每天全球有这么多的“白胖子”飞到空中，它们最终会去哪呢？古话说：“春蚕到死丝方尽，蜡炬成灰泪始干。”我们的“白胖子”也是一个舍己为人的小家伙，它为了不污染大气的环境，“白胖子”将在升空70～120分钟内升入最低26000米的高空，也就是大气平流层。完成它们的使命之后，就会在高空爆破销毁，而探测仪会顺风飘落到人烟稀少的地方。

“白胖子”在携带探测仪升空的过程中，一直在不断地工作，采集不同高度、不同时间的气象要素资料，而地面的另一个小伙伴——雷达就会不断地监测探测仪采集到的这些数据，这些数据都是后期分析和科学研究的宝贵财富。

无论时代如何变幻，气象始终与我们的生活息息相关，而我们的“白胖子”也将发挥它更大的作用。

（是的，我们会不断提高天气预报的准确率，提供更客观的天气预报和预警信息服务，为人们的生活保驾护航，再见！）

天空中铺满了“斑马线”！可那真的是“地震云”吗？

甘肃省兰州资源环境职业技术学院　郑博文

在这风和日丽的季节，山清水秀、鸟语花香，朋友们一起出去踏青是件很快乐的事情，这时有位女同学指着天上的云说：“你看那朵云真漂亮，像斑马线一样，那是什么云呀？”作为一名气象高材生，满腹经纶终于有了用武之地。正准备仔细辨认一番时，旁边的成功人士王某突然抢过话头说：“这个我知道！‘地震云’嘛！”一行人，除了自己，纷纷点头如捣蒜，掏出手机就拍，发朋友圈发微博，留下这位气象高材生落寞的身影，把已经冲到嘴边的名词解释生生吞了回去。

可问题是，这真是所谓的“地震云”吗？

有时我们的确能在天空中看到这种像斑马线一样的云，排列规整，形状奇特，常为一些民间人士所津津乐道。然而他们对这类云有一些误解：比如认为我们不知道这是什么云；还比如认为我们不知道这种云是怎么形成的；亦或是认为这种云很罕见。

首先，我们当然知道这是什么云。根据我国的地面观测标准，这类云叫作透光层积云；国际上还有一个名字，叫作波状层积云。

其次，这种云的形成机理是非常清晰的。既然叫作波状层积云，那它的形成有可能与某种波有关。然而翻遍各类气象学专著，大气中传播的基本波动也从未包含过“地震波”这一项。

让我们从头说起。大气条件稳定的时候，空气块在大气中的高度，取决于重力和气压梯度力之间的平衡。可是一旦有跨越数个省份、质量以千万亿吨计的大型天气系统之间发生碰撞，相互角力，其产生的扰动会破坏空气块的平衡，使其离开原先的高度。为了重新回到平衡位置，空气块就会像一个浮标一样围绕平衡位置上下振动，每次上升到波峰时，由于温度降低，就会抛出一部分水汽，进而形成云。天气系统间碰撞引起的振动就像水面泛起的涟漪，振动的本质是重力势能与其他能量之间的转化，因此，这种波纹状的云背后的推手，其实是“重力波”。

最后，关于这种云是否罕见。人的肉眼能够看到的天空极为有限，因此，在广大人民群众眼里，三族十属二十九类云，不是每一种都能天天见到的。但气象工作者观察大气的手段是雷达和卫星，在卫星云图中，透光层积云其实还挺常见的。然而常见归常见，并不代表这类云可以轻易出现和消失。驱动天气系统间相互冲击的力量归根结底是太阳辐射，而如果地震发生前释放到大气中的热已经可以与数十万平方千米内的太阳辐射相提并论，其总能量将超越热核武器爆炸，达到仅凭肉眼就清晰可辨的程度。因此，透光层积云是否能够作为地震的先期指征，其结论是显而易见的。

最后，我要向奋战在实验室里、计算机前和科考队中，以实践来检验真理的，并终有一天将指引我们战胜自然灾害的科技工作者们表达我深深的敬意！

雨城何以“天漏”

四川省气象局气象服务中心　周　逍

雨，是上天赐予大地的甘霖。近年来随着气候变迁和生态环境恶化，许多地方雨越下越少。但在其他地方“喊渴”的同时，“雨城”雅安却依然云丰雨盈，“天漏”不休。

自古以来，雅安便有“华西雨屏”“雅州天漏”之称。唐代诗人杜甫诗曰“地近漏天终岁雨”。诗人李商隐亦感叹“何当共剪西窗烛，巴山夜雨涨秋池”。雅安民间也历来有“蜀犬吠日”“雅无三日晴”之民谚。

雅安多雨有三个特点：一是降雨日数多，一年三百六十五天，雅安雨雾笼罩的日子便有二百多天；二是雨量大，雅安年均降雨量一千八百多毫米，在内地实为罕见；三是降水时数长，全年降水累积时数高达二千三百多小时。有此三多，雅安可谓名副其实的“雨城”。

在雅安，有一个美丽的神话传说：上古时天被苍龙撞破，女娲炼五彩石补天。当别处都已补全，惟剩雅安一方天空时，女娲精疲力尽。她勉强托起最后一块五彩石飞临雅安上空，几番努力，终因劳累过度坠于雅安地界，呕血而亡。从此雅安便被霪雨笼罩了。

传说归传说，雨城“天漏”，主要有两方面原因：特殊的地理环境、别具一格的地理形状。

先来看看雅安特殊的地理环境。在雅安的西侧，是号称世界屋脊的青藏高原，而东面则是平畴千里的四川盆地，雅安处于这两种天壤之别的地貌环境之间，常受高原下沉气流和盆地暖湿气流的交互影响，再加上从印度洋来的南支西风挟带大量暖湿气流，常被迫绕高原东移进入雅安境内，这几种气流相互作用，致使雅安不但雨日多、雨时长，而且雨量大。

雨城“天漏”的另一个重要原因，是雅安别具一格的地理形状。只要看雅安四周的山脉就不难发现，雨城好像是一个受气的小媳妇，其人身自由完全被丈夫和公婆控制了：它的西面是高大雄峻的二郎山，西北方是险峻的夹金山，南部有大相岭横亘相向，只有东面一个出口。“喇叭”形的地形构成，造成东来暖湿气流只能进不能出，一到夜间，四周山上的冷气流下沉，冷暖气流一经交汇，“雨城”这一受气的小媳妇就只能以泪洗面——下起淅淅沥沥的雨来了。这同时也是雅安为何夜雨较多的原因。

淅淅沥沥的雨也造就了雅安的“三雅”文化，如果您想感受“雨城”的独特魅力，就请您到雅安来。

气象科普解说词

(2018年)

“雷击哥”探案

辽宁省大连市气象局　作者：王春雁　刘晓东
解说：刘晓东

2017年，我在户外播报天气时被雷电击中。此事一出，立即成为国内外媒体报道的热点，我也成为了全球“网络红人”！为什么我会遭遇雷电黑手？为什么又轻易被雷电放过？这幕后的真凶到底是谁？现在，我就带您走进雷电家族，把事情搞个水落石出。

调阅雷电家族的档案可以发现，它们的成员并不多，但个个桀骜不驯。

一号嫌疑人：直击雷。它在雷电家族中排行老大，脾气最暴躁，雷击视频中出现的闪电就是它的身影！它常在带电云层与地面物体之间迅猛放电，可以在瞬间击伤、击毙人畜。而那天，我只是手臂发麻，这不像是直击雷的作案手法。而且它的目标是远在几千米外的一栋高楼，而不在第一案发现场，因此，我们初步排除它的嫌疑。

二号嫌疑人：球形雷。身材矮胖，行动灵活，常神出鬼没。它会随气流在近地面自由飘动。有时它会无声消失，有时又会因为碰到障碍物而发生爆炸。从体貌特征和伤害我的程度来判断，显然作案的也不是它。

雷电家族还有个行迹诡秘的老三：感应雷。它与老大直击雷关系最好，与之形影不离，常潜伏在云层与地面之间蓄势待发。它会因为感应到天空中的带电雷云，而在地面物体周围聚集大量电荷，当电荷聚集到一定程度，就会放电，造成人员伤害。它也常常会沿着管线进入室内，损坏电子设备。

这样看来，老三感应雷嫌疑最大！但当时我所处的位置已经安装了避雷针，为什么没有对我起到保护作用呢？避雷针，现在按照国家标准称为“接闪杆”。之所以更名，是因为它其实是一个引雷设备，把雷电引向自己，再通过引下线、接地装置将雷电流引入地下，从而使建筑物免遭雷击。因此，在接闪杆周围，更容易聚集大量电荷，加上我周围的雨伞、话筒、摄像机、三角架都是金属物质，导致大量电荷聚集，引起瞬间放电。真相终于大白，袭击我的凶手就是感应雷！

但不是所有遭遇雷电袭击的人都能像我这样幸运，所以还得给大家提个醒，遇到雷雨天儿：

一要躲：面对雷电这样的凶狠惯犯，能躲则躲，少出门。

二要防：待在室内也不是百分之百安全，要关闭门窗、拔下电源插头、远离管线，完全不给它行凶作案的机会。

三要避：在室外与雷雨天狭路相逢，一定要避开利于它作案的场所。

四要护：在空旷的地方，一定要放低姿态求保护。双脚并拢，蹲下，双手抱膝，身向前屈，但千万不能躺在地上。

五要学：平时多了解防雷知识，掌握应对措施。

虽然对于雷电家族我们会有各种防护措施，但是它们的脾气秉性我们也无法完全摸透，所以面对雷电家族，我们不能存有侥幸心理！

别让地球“齁”着了

中国气象局公共气象服务中心　王天奇

我们平时吃饭得放盐，少了没味儿，多了容易齁着，所以一定要适量才好。在地球大气当中，也有这么一种不可少，但也不能多的东西，它就是我们今天的主角：以二氧化碳为代表的温室气体。

一提到二氧化碳，大家肯定会想到温室效应，总感觉不是什么好事儿。但是我要告诉大家，正是因为有了它们，我们的地球才变得如此温暖舒适。地球每天都会吸收太阳的短波辐射，再释放出一些长波辐射，而二氧化碳等温室气体，就好像是海关，短波辐射进来时没问题，但是出去的时候要变成长波辐射，那就要扣留一部分。所以，一些能量就这样被留下，地球表面的平均温度因此提高了33 ℃。

虽然温室气体的比例不高，但如果没有它们，地球表面的平均温度会降到－18 ℃。那时候的海南会变得比现在的东北还冷。所以，我们要感激二氧化碳等温室气体的存在。

不过这东西千万不能多，我们地球的二氧化碳浓度大概在0.04％，而我们的邻居，同处在“宜居带”内的金星就是“吃齁”了。这里的二氧化碳浓度超过90％，失控的温室效应导致金星的表面温度高达四百多摄氏度（约462 ℃），而中餐里的大锅爆炒，就是那种锅里冒火的时候，也就才三百摄氏度左右。人如果到了金星，都不用说被烤得外焦里嫩了，而是直接被烤糊了。

现在，我们生活越过越好，吃的盐也变多了，对于地球也是如此。近百年间温室气体的排放越来越多，尤其是二氧化碳排放量开始直线上升，其浓度已经突破370毫克/立方分米的大关，这如果是股票的指数，可能大家都乐开了花，可惜它是二氧化碳。在过去65万年里这种大幅增长的情况是从来没有出现过的，过去二氧化碳浓度一直在180～300毫克/立方分米这个区间波动，但是大家注意这个红色的区域！工业革命之后，由于燃烧了大量的煤炭和石油，导致二氧化碳的浓度快速突破了以往自然变化的"天花板"，可见人类活动对于二氧化碳的增加是有不可推卸的责任。

这可不是什么好消息。因为一旦大气中的二氧化碳浓度高了，不仅自身会让地球变暖，还会引发连锁反应，那时候隐藏在西伯利亚冻土里的温室气体甲烷也会趁机逃逸，这东西的制暖能力可是二氧化碳的20～60倍，如果我们把二氧化碳比做是"盐"的话，那甲烷简直就是"酱油"，而且还是"老抽"！它们的大量排出势必会加速地球的变暖。

大家知道，过去的百年间，地球平均气温已经上升了0.85℃，如果现在依然不节制地排放下去，再过一百多年，气温还将上升2℃，导致冰川大量融化，到那时香港、纽约等临海城市将被淹没。更极端一点，如果气温上升6～12℃，"北上广深"都不用再调控房价，就连我们这个气象礼堂也会变为水底世界了。

为了自身的健康，我呼吁大家少吃盐。为了地球的健康，我呼吁节能减排，从我做起！

1.7 ℃的警示

甘肃省气象服务中心　张澍舟

关于冰川，大家有什么样的印象呢？来看我拍的照片，这样的风景跟大家的想象差距大么？这是 2015 年，我在甘肃祁连山最大的山谷冰川——透明梦柯冰川拍的。别看我当时笑得很开心，可是当我了解到我脚下的冰川正在慢慢融化时，才知道这样的潺潺流水，其实是透明梦柯冰川的“眼泪”。或许有一天，透明梦柯冰川真将成为南柯一梦。

再来看一组数据，近五十年，甘肃省年平均气温的升温幅度比较大，从 1997 年开始持续偏高。全国每十年增温 0.23 ℃，甘肃省 0.26 ℃，而祁连山及河西走廊地区更高，为 0.34 ℃，五十年来共升高了 1.7 ℃。再加上人类活动产生的粉尘、黑碳等沉降在冰川表面，冰川吸收太阳能量增多，加速消融，使祁连山 509 条冰川融化消失，冰川面积减少了 420 平方千米，退缩率接近 21%。

冰川融化、退缩影响最大的就是水资源。听到这，大家可能会想，冰川融化加快，下游的水不是更多了么？这就好比你提前把下个月的工资给花了，这个月很富裕，可是下个月、下下个月呢？冰川就像一座固态水库，升温引发的冰川消融其实就是在透支冰川水资源。河西走廊(简称“河西”)年降水量只有 200 毫米左右，也许我国南方的一场大暴雨，其降雨量就相当于河西一年的降雨量。所以，冰川融水是河西走廊赖以生存的“生命之源”。截至 2015 年，祁连山地区人均水资源约为 1400 立方米，低于国际公认的 1700 立方米的警戒线，也低于全国人均 2135 立方米的水平。冰川融化就像一面镜子，它就是对全球快速升温、变暖的响应。

我查了一下，昨天北京 27 ℃，今天升了 2 ℃，大家觉得差别大么？但是把这 2℃放进全球大背景中，地球升温 1 ℃，北极圈全年就将有半年是无冰的状态，从前飓风从不光顾的地方，那个时候人们将会狠狠体验它的威力；升温达到 6 ℃时，“世界末日”的情节将会正式上演。所以，1.7 ℃这个小小的升温幅度足以摧毁我们的家园。

1.7 ℃为我们敲响了警钟，危机当前，要求我们立即采取行动，帮地球降温。从这一刻开始，你可以理直气壮地说，衣服攒够一桶再洗不是因为懒，而是为了节约水、电；开“短”会也是一种节约，像我这样站在这里多说一会儿，照明、空调、音响等都在费电。别看都是些小事，这就是实实在在的“低碳生活”。行动起来，让“1.7”只是一个数字，希望我们耳边响起的不是警钟的鸣响，而是大自然最动听的和谐之声！

农村自建房的防雷安全

重庆市气象服务中心　赵　政

重庆市荣昌区有一栋农家小楼，背山面水。可就是这栋看起来还不错的小楼，在建好后的8年里竟然被雷电击中过二十多次，不仅家中电器多次损毁，房主钟婆婆甚至险些丧命，当地村民对此议论纷纷。

钟家屡遭雷击，究竟是什么原因呢？钟家小楼处于小山坡下，位置孤立突出，前方有一大片鱼塘，处于水陆交界面。这种环境是很多农家建房选址通常喜欢的选择，而这样的地方恰好也是雷电比较青睐的。因为水陆交界处、低洼地区、山坡和稻田接壤处容易聚积强大电荷，从而成为雷击对象。

然而奇怪的是，钟家对面山坡上的一户人家，所处的位置与环境都和他们家差不多，却从来没有遭过雷击，这是为什么呢？原来，在钟家小楼背后10米远的地方有一根高压线，且小楼正前方3米处有一棵大树，树枝已经搭落在屋顶上，这恰是造成他家屡遭雷击的另一个原因。

雷电是大气中云体之间或云与地之间正负电荷互相摩擦产生的剧烈放电现象，雷电放电时间很短促，但一次放电的瞬时功率能达到200亿千瓦。雷云与大地之间放电时，路径跟水往低处流的原理相仿，由云底部电荷中心开始，沿着电阻最小的路径到达地面。此时，空旷地面上的孤立建筑物、大树、山区输电线路等离雷云云底较近的物体，就很容易成为雷云与大地之间的放电通道。明白这个原理，再看钟家，正是由于前后有高压线和大树的存在，大大增加了落雷的概率，再加上小楼又没有安装任何防雷设施，8 年间屡遭雷击的深层原因也就一目了然了。

我国是农业大国，据统计，目前乡村常住人口 5.76 亿人，占总人口的 41.48%。在农村，基本都是自建住宅，并且大多像钟家小楼一样根据主人的意愿建造，缺乏正规设计，更缺乏防雷设施，所以房屋被雷击的事件常有发生。那么，对于村民们来说，在自己建房时，防雷方面应该注意哪些事项呢？

首先，建房选址要尽量避开“雷电易发区”。

其次，要安装防雷设施，做好金属建筑材料的接地处理，如金属顶棚、预制板、钢筋等的接地。

第三，电源线路和电话线最好采用埋地引入，如果条件不允许，一定要做好入户线路的绝缘技术处理。

做到这几点，基本上就可以有效解决雷击问题。前面提到的钟家，在我们气象防雷技术人员的帮助下，对入户的电源线路进行了整改，并在楼顶安装了避雷针和避雷带，迄今七年多过去了，再也没发生过雷电击中事件。

雷电并不可怕，雷击可以预防。防灾减灾无小事，科学防御要及时。

“虫”、牛顿和气象卫星

上海市公共气象服务中心　作者：张瑞怡　关晨蕊
解说：关晨蕊

这是一块距今三千多年的甲骨，甲骨上刻着的文字说：“有落云自东贯母，有出虹自北饮于河。”这是对雨后彩虹的记载，也是汉字“虹”的由来。当时的人们认为，彩虹是在雨后出来喝水的“双头虫”或“神龙”。

在不同的文化里，美丽的彩虹似乎都无一例外地与神或者神迹有关。《圣经》中彩虹是缔结圣约的标志；希腊神话中，彩虹是众神的快递小姐姐伊里丝女神留下的斑斓影子。即便是现在，绚丽彩虹的出现依然是让人惊奇的事情，可以“霸屏”朋友圈，转发有好运！

对于彩虹究竟是什么，人们一直在思考与研究。

11 世纪，宋朝的沈括在《梦溪笔谈》中记述说：“虹乃雨中日影也，日照雨则有之。”13 世纪英国的修道士罗杰・培根认为：“彩虹是个别水滴对光线反射和折射的结果。”17 世纪，笛卡尔用数学证明彩虹是光在水滴内折射造成的，并计算出彩虹的角度，用旋转粒子来解释彩虹的颜色。

然而牛顿并不认可旋转粒子的说法，他用著名的“三棱镜”实验说明了彩虹的本质——光的色散。牛顿注意到，当光线被棱镜折射2 次，太阳光会显著地分离成各个颜色。牛顿认为，光由不同颜色的微小粒子组成，不同颜色的粒子在穿过玻璃时，由于前进速度不同，导致红光的偏折较紫光小，牛顿使用了“光谱”一词来定义分离出的颜色，并把光谱分为7色：红、橙、黄、绿、青、蓝、紫，并形成了颜色理论。至此，彩虹似乎可以走下“神坛”，成为最平常的大气光学现象了。

微粒学说可以很好地解释几何光学，可以解释彩虹为什么更容易出现在雨后的早晨或傍晚，为什么是拱形，为什么经过多次折射可以形成双彩虹，但彩虹中存在的一种现象却无法说明。

这是荷兰一位爱好者拍摄的彩虹照片（略），可以看到在彩虹的下方有一层层形似条形码的光圈。如果光只是由粒子组成，那么经过多次反射、折射后，要么消失不见，要么一片白茫茫，并不能形成照片上的涟漪。

1801年，英国科学家托马斯·杨用“双缝实验”证明了光具有波的性质，这种“光的干涉”理论可以很好地解释图片中景象产生的原因：如同水波的原理一样，不同的光在散播时产生干涉，彼此增强或彼此削弱，造成了一系列位于彩虹内侧的明暗不同的光带。因此，这种彩虹也被称为“干涉虹”。

几乎同时，另一位大咖弗里德希·威廉·赫歇尔在用温度计测量太阳光谱的各个部分。一天，他发现放在光谱红色外端的温度计温度上升得最高，但那里并没有颜色。于是他推测太阳红光外有肉眼不可见的光线。

在牛顿时代后的3个世纪里，光的理论不断发展，人类对光的认知又有了天翻地覆的变化。光被认为是一种辐射，具有波粒二象性，是能量，甚至可以被弯曲……光更是一种工具，利用对光的了解、认知制造的各种设备，帮助我们更好地了解世界，如搭载了各种精密传感器的气象卫星就是一个缩影。

气象卫星用太阳做为能源，各种遥感设备测量来自地球物体发射或反射的电磁辐射信息。地球反射太阳光的影像被类似电视摄像机的设备捕捉，转换成电波信号传送回地面，地面接收站再把电波信号复原处理成可见光云图。弗里德希·威廉·赫歇尔发现的红外辐射被用来感知地球物体的温度、大气辐射的程度，以及同样不可见的水蒸气，形成红外云图和水汽云图。这些图像直观、及时、准确地监测天气系统，用于天气预报、服务与研究。

从彩虹到气象卫星是部简约版的光学发展史，人类发现光线、了解光线、利用光线，大胆假设，小心求证，让我们可以“见所未见”！

高原大气探测精灵

青海省果洛藏族自治州玛沁县气象局　祁绪龙

说起气球，您一定想到的是五颜六色、大大小小会飞的氢气球，或者是奇形怪状的大气包底下吊个大篮子，载着人们在空中旅行的热气球。若不是前阵子中国科学院大气物理研究所的一个断线气球“走失”情况的发生，恐怕您还真不认识我是谁呢！

我就是他们用来携带探空仪器，测定不同高度和经纬度的温度、气压、空气湿度等气象数据的探空气球，有人还叫我大气探测精灵。我是人类研究平流层的重要工具，在气象学发展和天气预报工作中起到了重要作用。我的成本很低，但飞行时间较长，施放不受地域和气候因素影响，所以，直到今天，我仍是高空气象探测的主力军。

当然，我自己一个人是不可能完成探测气象信息任务的，我还有一个共同飞向高空的小伙伴——探空仪。每天早上 6 时 30 分，天刚刚亮，我经过“体检”，探空员就要喂我早餐了。哦，对了，我的早餐可不是豆浆油条，而是氢气。吃饱后的我就变成了一个腰围 1.5 米的大胖子，这时我的工作热情“高涨”，真想马上挣脱绳索冲出去开展空中探测。

到了 7 时 15 分，终于要出发了，我带着我的小伙伴——探空仪，像离弦的箭腾空而起，飞向浩瀚的天空。从起飞的那一刻起，地面上的探空雷达就像监护医生一样，死死地“盯”着我们，并时时刻刻接收着我们发回的每一组探测数据。我们以每分钟约 400 米的速度上升，飞向距离地面 1 万米、2 万米，直至 3 万米左右的高空。在上升过程中，我们会穿越云层，遇到水滴、冰晶，并会穿越大风区，身旁的温度、湿度、气压、风向、风速在不断变化。

而我的兄弟——探空仪，犹如一个 CT 扫描仪，从低空到高空进行逐层扫描，把不同空间位置上的温度、湿度、气压等数据反馈给地面，传送给全世界各个气象台站。

大家可不要小看这些数据，这些对平常人来说犹如“天书”的数据，对于气象专业人士来说却弥足珍贵。通过解读分析之后，它们就会成为制作天气预报的重要依据。

随着高度的不断上升，周围空气越来越稀薄，气压不断减小，温度在持续降低，我终于支撑不住了，“啪”的一声破裂了，“粉身碎骨”的我终于耗尽全力与探空仪一起顺着气流方向跌落下去。我感谢我的伙伴——探空仪与我同生共死，我们总算历经千辛万苦完成了任务，我们无怨无悔！

哦，忘介绍了，我是一只来自全世界海拔最高探空站——沱沱河气象站的探空气球，我们这里海拔 4533.1 米。和所有的探空气球一样，我每天定时由气象探空员早、晚各放飞出去一次。据说，我们在高原取得的每一个气象数据的含金量都很高，所以我一直感到很骄傲、很自豪！

探秘“超级千里眼”

四川省南充市气象局　作者：张晓沫　廖文超
解说：张晓沫

你有没有注意到这样一个现象：当一辆车迎面向我们驶来时，听到的声音越来越尖锐，而它离去时的声音却越来越低沉。这其实是物理学中一个很重要的理论——多普勒效应，即当接收者与能量源处于相对运动状态时，能量到达接收者时频率的变化。这个理论听起来很抽象，但事实上它在我们生活中的应用非常广泛，如医疗超声、移动通信等。气象领域也基于这一理论研发了多普勒天气雷达，它探测范围广、空间分辨率高，被称为“超级千里眼”，那么多普勒天气雷达是如何实现它空中千里眼的超能力呢？要想搞清楚这其中的原理，咱们要从两个方面入手。

第一，组成。多普勒天气雷达主要由三部分构成，采集系统、生成系统和用户终端。

第二，工作原理。当雷达启动后，采集系统的发射机向大气层发射电磁波，电磁波在前进过程中，与云和降水粒子相遇，云和降水粒子对电磁波产生散射作用，而返回到接收系统的电磁波，产生基本数据产品，并由生成系统转化为雷达回波产品显示在用户终端上。没错，这个过程听上去很复杂，接下来我用另一种方式演示就很好理解了。如果把我们的身体看做多普勒天气雷达，眼睛是采集系统，大脑是生成系统，嘴是用户终端，为了让大家的感受更加直观，我用光束表示电磁波。当眼睛看向一个方向时，会有很多物体进入视线，但只有较为明显的物体会被锁定到眼中，进而物体的信息被反馈到大脑，信息经过整理之后，通过语言描述传递出去。这个过程与多普勒天气雷达的工作原理是一样的。也就是说，多普勒天气雷达就是通过云和降水粒子对电磁波的后向散射，将所接收到的电磁波信号转化为雷达回波产品。通过这些产品可以判断降水的性质是雷雨还是阵雨，是降雹还是降雨等；可以判断降水的强度；可以判断对流云团大致的移动速度和方向；也可以推断风速和风向等。

总的来讲，多普勒天气雷达相较于传统气象雷达而言，其所得到的信息准确度更高、时效性更强、产品更丰富，是预报员监测强对流天气强有力的战友，近年来，在一次次气象防灾减灾战役中立下了赫赫战功。

科技是“国之利器”，它助推气象技术装备迅猛升级，现代气象将紧盯建设气象强国的目标，立争实现更高水平气象现代化。而我与千千万万个气象人一定不辱使命，做好新时代的“天空守望者”。

来自上天的冷“雹”力

吉林省气象服务中心　潘维娜

现在我有一点紧张，紧张的时候吃甜食最好，如果不能吃，看一看也是好的。

这一碗像汤圆吗？眼力好的一下就看出来了，碗里的东西既不是汤圆也不是元宵，它是冰雹。看外表，它晶莹如玉，还挺可爱的；看名字，还透着些许的高冷范儿，但是这位真是既不可爱也不高冷，它的性格可以说是又急，又凶，又暴躁。

冰雹是我国常见的一种气象灾害，既然被称之为灾害，那它就是具有杀伤力的。为什么它的杀伤力如此之大？首先是因为脾气急躁，来得迅猛，而且它比我们常见的冰块致密得多，还不易融化，很坚硬。其次就是大小。冰雹有多大？那有的人说了，只有绿豆那么小而已，无所谓，可实际上不光只有“绿豆”般大小，那不还有“核桃”“鸡蛋”和“拳头”般大小的冰雹嘛！想象一下，一个拳头那么大、比冰块还硬的东西在你猝不及防之时从天而降。这可比高空抛物要危险。如此危险，必然引发思考：它是怎么形成的？

冰雹的形成，资料中描述得很专业、很严谨。但是作为一个资深吃货，我希望用一种更亲切、更容易理解的方法来概述这一过程。冰雹的形成和滚元宵有异曲同工之妙，它们都是翻滚出来的。首先我们要有“原材料”，那就是要有水汽。然后“加工过程”要有强对流天气，最后要有“加工厂”，就是云。但是只有发展特别旺盛的积雨云才可能降冰雹，我们叫它冰雹云。

下面带大家参观一下“厂房”。我们可以看到水滴、冰晶和雪花以不同的组合形式分布在不同的温度层中。而冰雹核也就是小水滴，就是在这样的云层中几上几下、翻滚凝聚，就像滚元宵一样，被这些物质层层包裹，越滚越大，当超过上升气流所能托住的重量时，冰雹便下坠至地面。

这就是冰雹，我们认识它、了解它，就可以通过一些技术手段来缓和甚至抑制这位朋友的“暴躁”脾气，从而减少它带给我们的麻烦。

“风云家族”新掌门——“风四郎”

广西壮族自治区北海市气象局　刘宇菲

大家好，我就是“风云”系列气象卫星“风云家族”的老四“风云四号”。

我们四兄弟分为两派：极轨派和静止派。哥哥“风云一号”“风云三号”是极轨派，围绕南北两极运动，可每天对全球扫描两次。我和二哥是静止派，与地球自转同步位置，可对地球表面三分之一的固定区域做高频次观测。我的哥哥们今天没时间和大家连线，所以今天就只有我来和大家见面了。我是2016年12月11日在西昌卫星发射中心升空的，所以这一天也是我的生日，我的体重是5.4吨，相当于一头非洲成年大象的重量，是风云兄弟中最胖的那个，不过别为我担心，在卫星届“胖”才是王道。要知道，在这太空里没有食物补给，我们只能消耗体内储存的推进剂，吃的越多，守护地球的时间就越长，可以为地球提供更长久的信息支持。我是站在离地球35800千米的地方守护着大家，可别小看我，虽然我站得远，但大气的一举一动都逃不过我的法眼。

感谢这个高科技的时代，让我带了中国最先进的多通道扫描成像辐射器，有了它，我可以从十四个不同的通道，监视大气的一举一动。哥哥们告诉过我，大气非常调皮，总喜欢搞“小动作”，所以我这次带了这么多通道，争取把大气的小动作尽收眼底。

我有世界上第一个干涉式的大气垂直探测仪，就像孙悟空的火眼金睛，能在大气搞小动作之前看穿它的小心机。全世界的静止卫星中只有我拥有这个仪器，可是独一份！

大气以前总爱用闪电和哥哥们比速度，这次我上来必须好好治治它，我的闪电成像仪专门用来拍摄转瞬即逝的闪电，一秒能拍五百张闪电图，跟我比快它还嫩了点儿。

我虽然重，但是动作很轻盈，我哥“风云二号”需要30分钟完成一张地球圆盘图，而我只需要15分钟。我还能在5分钟内完成对中国区域的扫描，就算天气要搞小动作我也能在一分钟内对1000平方千米区域进行高频次连拍。

这都还不算什么，我可是目不转睛地盯着地球，观测率达百分之八十五，哪里有森林火灾，哪里有洪涝，哪里有雾霾，等等，都逃不过我的“法眼”。

中国的科学家们设计了超级平台，能确保多个高科技设备同时使用而不担心相互干扰。这么一来，我一个卫星就能干两个卫星的活了，既节约资源又能够让科学家们持续做研究，制造出比我更牛的卫星。

在这里，我要好好地感谢我的设计师们，是他们15年的不放弃、不抛弃才有今天的我。我也将不辱使命，认真观测风、雨、温、湿，预警冰、雪、雷、电，和家族兄弟携手守望人间“冷暖”。

大家看，照片中我身后红旗飘扬的地方就是我们中国的卫星，希望我们中国的卫星在上面越来越“红”。

听诗知春

安徽省合肥市巢湖市气象局　作者：孙东亮
解说：杨　鹤

“好雨知时节，当春乃发生；随风潜入夜，润物细无声。”这是杜甫《春夜喜雨》中的诗句。它描绘春天夜晚突降小雨时的喜悦心情，用“好雨”来赞美春雨。把春雨拟人化，说它“知时节”。不是吗？春天是万物萌芽生长的季节，正需要充足的水分，这雨就来了。

古人通过对大自然的仔细观察，发现风、霜、雨、雪、雾、雷电等天气现象的出现是有规律的。在描写春天的诗词里，常常出现春雨、春风、春雷等气象景观。像大家耳熟能详的“忽如一夜春风来，千树万树梨花开”“雷惊天地龙蛇蛰，雨足郊原草木柔”等。

那么为什么春天多风多雨水呢？

这是因为春季是冬季向夏季的过渡季节，春季正处于大气环流调整期，冷、暖空气活动频繁。当冷、暖空气相遇，就容易形成锋面，产生降水。此时冷、暖空气势均力敌，所以常常上演“拉锯战”，晴、雨交错，有“春风孩儿面，一日变三变”之说。

春天的气候变化除了春暖花开、回暖放晴，也会阴雨绵绵、春寒料峭，有时还会出现电闪雷鸣。随着天气的回暖，空气中蕴含的能量逐渐增多，此时如果遇到强冷空气南下这样的激发条件，这些能量就可能在短时间内以非常激烈的方式爆发释放，从而发展成强对流天气。它发生突然，尺度小，移动快，常伴有大风、雷电、冰雹等极端天气，很容易造成灾害。

春天冰雪渐渐融化，草长莺飞，万物开始复苏，但它也是一年中天气变化幅度最大的季节，南方暖气团和北方的冷空气“你才唱罢我登场”，气温变化频繁、剧烈，让古人不禁发出“柳梢绿小眉如印，乍暖还寒尤未定”的感叹。所以在春季要多穿些衣服，防止因为气温骤降引发受凉生病。

“等闲识得东风面，万紫千红总是春。”诗词是中华民族的文化瑰宝，也是气象历史长河中的智慧结晶，更是连接过去、现在和未来的神奇纽带，为中华民族的“文化自信”做出了最完美的诠释。

无锡斗山“矮脚雾”

江苏省无锡市气象局　陈　洁

在我手上，这是一杯刚刚沏上的由太湖翠竹泡制的绿茶，您看它，叶芽儿嫩绿如玉，在水中整齐排列，茶香更是清香四溢，沁人心脾！太湖翠竹产自于无锡斗山地区，它之所以能成为文人雅客桌上的上品，与无锡斗山的气候有着千丝万缕的联系，那里常常会起晨雾，我们当地称这种雾叫“矮脚雾”。正是有了斗山“矮脚雾”那特有的洁净、湿润的空气环绕和滋养，太湖翠竹才成了无锡春茶中的翘楚。当然，今天我要讲解的重点不是茶叶，而是那滋养茶园的“矮脚雾”。

您看，这斗山的晨雾不似霾那般压得人喘不过气，轻纱薄雾贴近地面，环绕山间，如梦似幻，飘渺撩人，仿佛置身仙境！“矮脚雾”的绝妙之处是位置较低，沉在树木和房屋的下方，而不会覆盖全部景色。清晨，雾气在江南风貌的村落和树林间飘移，当晨光透过薄雾，阳光透过树林，一束束的光射下来，有一种神奇感。所以斗山当地人形象地称这种雾为“矮脚雾”。

话说回来，“矮脚雾”也是天气现象中雾的一种，那么雾的成因是什么呢？在气象上，凡是大气中因悬浮的水汽凝结，能见度低于1千米时，这种天气现象被称为雾。雾的生成与特定的天气形势和多种气象要素有关，一般需要三个条件：一是低空湿度大；二是大气层结稳定，风速小，低空水汽不往周围扩散；三是需要在冷却作用下进行。所以雾的现象虽纷纭，本质都是水汽遇冷凝结而成。我们最常见的雾主要有辐射雾、平流雾和混合雾等。

斗山“矮脚雾”主要以辐射雾为主，它的形成和斗山的地理环境密切相关，只有地处江南丘陵地带才有可能发生。斗山地区一首脍炙人口的民谣里说：“惠山高来锡山低，斗山弯弯十里地。七岭八坡千古是，斗山十殿正朝西。”斗山的山体呈两条带状分布，中间是浅U型谷区，因为斗山山头众多，水系丰富，森林覆盖率高，所以在冬季、初春和秋末天气晴朗、无风或者微风的早晨和晚上，山坡上的空气散热迅速，沿着山坡下沉到谷底，谷底的气温接近露点，容易形成这样浅薄的，贴近于地面的雾，也就是我们视频当中见到的这样的美景。

现在说到雾，我们会不自觉地把它和霾联系在一起，仿佛它们都是空气污染的标志，但斗山“矮脚雾”却不一样，它带着斗山清新的空气，浸润着那里的茶园和农作物。当斗山新茶太湖翠竹“大量上市时，您若是品上一口新茶，相信薄雾氤氲下的茶香一定会给您留下深刻印象。

带您听懂天气预报

青海省气象服务中心　田　冰

在天气预报中您常常会听到这样一句话："今天夜间到明天白天，全省大部地区，多云转晴，10～15 ℃；明天夜间，有中到大雨……"可是，这耳熟能详的天气预报，您真听懂了吗？

"白天不懂夜的黑"，听懂天气预报，要先分清时间用语对应的时间段。在气象上，把晚上 8 点作为第二天开始的时间。所以您听到的"今天夜间到明天白天"实际上是指今天晚上 8 点到明天晚上 8 点。

如果说天气预报中的"白天""夜间"都有精确的时间段，那么被认为最模糊的预报词汇当属"地区"。什么"个别地区""局部地区""部分地区""大部分地区"……有人可能要"吐槽"了，这些"地区"都在哪儿啊？不过我可以肯定地说，"个别""局部""部分"以及"大部分"，它们所描述的范围是逐渐扩大的。

我们再从地面抬头瞭望天空，会看到大气波动的"显影剂"——云。在气象上，根据云底部距离地面的高度，分为低云、中云和高云。看云识天气，在没有降水时，我们将中低云总云量所占天空面积二成以下的状况称为晴天，二至八成为多云，八成以上为阴天。如果细心留意天气预报的语言，您会发现除了晴、多云、雨等几个常见天气词语外，还夹杂着"转""到""间"等动词。"多云转晴""多云间晴""多云到晴"有区别吗？"转"强调天气转折，"多云转晴"表示由多云转为晴天；"间"是偶尔、间隙的意思，"多云间晴"就是说晴的时间很短，大部分时间是多云；“到”强调过程，“多云到晴”说明天空状况始终在多云和晴之间。

我们再看看温度在天气预报中的用法，10～15 ℃是对气温范围的预报，最低 10 ℃，最高 15 ℃。一般来说，受太阳辐射影响，最高气温出现在下午两点左右，最低气温出现在日出前后。

有一位观众曾经问过我：“天气预报说有小雨，我出门就没带伞，谁知道雨会这么大！”在不同降雨量级中的感受：气象学上是用 24 小时总降水量来划分雨量的。注意，是“24 小时总降水量”！所以，那种让人随时准备洗澡的“暴雨”，如果持续时间很短，24 小时总降水量达不到 50 毫米，在气象学上也不能称为暴雨；而只是打湿外套的“中雨”，如果连续下很长时间，也可能成为名副其实的暴雨。

天气与我们的生活息息相关，天气预报必须让您看得清、听得懂、记得住、用得着。在“智慧气象”的新时代，基于位置的精细化预报服务正向您走来。天气预报作为贴身天气管家，未来将为您量身定制。

霜严衣带断，直指不得结——寒潮

浙江省衢州市气象服务中心　祝　君

今天我所要演讲的题目是《霜严衣带断，指直不得结——寒潮》。想说这个话题，浅层的原因是喜欢舒婷的《致橡树》中的那句“我们分担寒潮、风雷、霹雳”。深层的原因是我怕冷。所谓知己知彼，百战不殆。说到怕冷，我似乎感受到了几道质疑的目光，是的，像我这样的体型，难道不该有自带多层保暖的脂肪吗？不不不，在我成为今天这样一个“心宽体胖”的哺乳妈妈前，我是一个每次听到冷空气来袭就要抖上三抖的人，但是并不是每一次的冷空气活动都是寒潮。

根据《冷空气等级》国家标准的规定，冷空气过境后，气温 24 小时内下降达 8 ℃，或 48 小时内下降达 10 ℃，亦或 72 小时内下降达 12 ℃，并且日最低气温在 4 ℃以下，才可称为一次寒潮天气过程。所谓寒潮，是一种大规模的强冷空气活动过程，它的主要特点是剧烈的降温和大风，有时还伴有雨、雪、雨凇和霜冻。而寒潮天气一般发生在秋末到来年的初春，最早开始于 9 月下旬，最晚结束于次年 5 月，以每年春季的 3 月和秋季 10 月、11 月活动最为频繁。

那么，寒潮是怎么来的呢？我们知道，地球上不同纬度接收到的太阳辐射量是不同的。地处高纬的北极和西伯利亚地区获得热量非常少，在冬季，北冰洋地区的气温经常在－20 ℃以下。大量冷空气在这些区域上空聚集，形成势力强大的冷高压气团，在适合的大气环流形势下就会向南入侵，形成寒潮。

寒潮作为一种灾害性天气，其带来的影响不容小觑，所以寒潮理所当然被列入“为有效防御”和“减轻突发气象灾害”而向社会发布的预警信息队伍中。为有效防御和减轻寒潮带来的灾害，保护人民生命财产安全，根据《浙江省气象灾害防御条例》《浙江省突发公共事件总体应急预案》等要求，以寒潮灾害可能造成的危害程度、发生的紧急程度以及发展态势，将寒潮预警信号分为四级：Ⅳ级（一般）、Ⅲ级（较重）、Ⅱ级（严重）、Ⅰ级（特别严重）分别用蓝色、黄色、橙色、红色中英文图标来标识。

那么当寒潮来袭时，我们应该怎么做呢？最重要的就是及时添衣保暖，避免冻伤，外出当心路滑，注意交通安全；而对于城市中，易受大风影响的室外物品和临时搭建物要做好加固工作。

寒潮过境虽说往往会对农牧业生产、电力和通信等行业，乃至人们的身体健康造成不利影响。然而寒潮带来的也并非全是灾害，大范围雨雪天气可以缓解冬季的旱情；低温能够大量杀死潜伏在土壤中过冬的害虫和病菌，保护农作物。

最后我想说的是，寒潮并不可怕，寒冷也不可惧，因为我已有了一件“军大衣”，哈哈。

爱我，请远离我

中国气象局公共气象服务中心　李　宁

有这么一种东西，它看不见也摸不着，却与我们的生活和健康息息相关，如果它与我们保持一定的距离，就是我们的保护伞，如果它离我们太近，就会给我们造成危害。今天我要和大家分享的，是臭氧的故事。

一谈到空气污染，大家首先想到的是冬天的霾，春天的沙尘。而到了夏季，提到臭氧污染，可能大家还不是特别了解。其实，从现有的科学研究数据来看，北京、上海、广州、深圳等大城市圈的臭氧污染近年来正在呈现着上升趋势，尤其是在京、津、冀及周边和长三角区域增加最为显著，在珠三角地区，臭氧已经取代 $PM_{2.5}$，成为首要污染物。

说到这儿，有人已经心存疑问了吧，上学时我们曾经学过，大气中的臭氧可是地球的保护伞，怎么摇身一变，变成污染物了，怎么就莫名其妙“黑化”了？到底是怎么回事呢？回到我前文提到的内容，到底是保护伞还是污染物，这跟臭氧出现的位置有决定性的关系。臭氧在比较高的大气层中，如距离地面 20～35 千米的臭氧层，它可以阻挡紫外线，保护地球上的生物，是当之无愧的保护伞。可是如果臭氧出现在地面附近，出现在人类活动范围里，就会摇身一变，变成“恶魔”。因为臭氧是一种强氧化剂，对我们的呼吸道、眼睛等带来强烈的刺激，着实是既辣眼睛还呛嗓子。所以，用一句话概括就是：“臭氧此君，在天为佛，在地为魔啊。”我们也特别想对臭氧说，“如果爱我，还是离我远点好。”

不过，既然臭氧在高空好好的，为什么又跑到低空来了呢？其实低空臭氧绝大部分并不是从高空“溜号”跑下来的，而是在地面附近生成的。尤其是夏天光照强烈、气温高、风速小、湿度低的时候，容易出现光化学反应。这个过程主要是氮氧化物在强光作用下产生氧原子，氧原子再和氧气结合，就变成了臭氧，因此，低空臭氧污染的本质是光化学污染。历史上曾有过类似的惨痛案例，1943 年，美国洛杉矶发生了史上最严重的光化学污染事件，短短两天时间，因呼吸系统衰竭死亡的 65 岁以上老人有四百余人，臭氧成了名副其实的“杀人魔王”。

有人一定要问，臭氧污染这么厉害，那既然赶不走它，该怎么防护呢？戴个防 $PM_{2.5}$ 的口罩管用吗？可是夏天这么热，会不会捂出痱子？你想多了，好消息是，不用戴口罩，坏消息是戴了也没用。我们常说的 $PM_{2.5}$ 这个东西，是我们用肉眼看不见的，因为它的直径小于 2.5 微米，而微米仅是毫米的千分之一。而臭氧呢，它的直径又小多了，大约只有 0.3 纳米，而纳米又仅是微米的千分之一。也就是说，臭氧只有 $PM_{2.5}$ 的万分之一那么小。如果把 $PM_{2.5}$ 比做一头大象，臭氧仅仅是大象身上的一个小跳蚤而已。而且臭氧的化学结构是三个氧原子，只比氧气多了一个氧原子，个头大小差不多，都是“纳米级”的。所以，如果能制作出防护臭氧的口罩，基本上氧气也被拦截了，呼吸也会困难。因此，现有的口罩产品对臭氧没有任何防护作用。那么以后出门难道要穿成宇航员那样？

其实也不用太过担心。臭氧并不像霾的污染那样从早到晚持续不断，而是存在一定的变化规律。一年中，夏天最容易出现臭氧污染，尤其是光照强、气温高的白天，中午到下午臭氧浓度达到最高，清晨浓度最低。所以，只要避开或减少在午后到傍晚时段的外出活动，同时关闭室内的门窗，打开空气净化器，基本上就能达到很好的防护效果了。

要想彻底解决低空臭氧污染问题，我们还需要做得更多，比如从源头上减少氮氧化物的排放，少开车和提升汽油品质等。希望通过每个人的努力，让我们呼吸到更洁净的空气。

“神龙”吸水

广东省河源市气象局　周晓湘

古人有云：“上帝有命起伏龙，龙尾不卷曳天东。”现场的朋友们开动脑筋，想一想这说的是哪种天气现象？接下来，我们通过一段视频来寻找答案。所谓的“龙尾不卷”，说的就是水上的龙卷风。在气象学里，我们称为“水龙卷”。它还有一个非常贴切的叫法，叫“龙吸水”。

今天给大家带来一个小实验。我将通过一些生活中常见的东西来把它演示出来。大家来看我的道具。这个转盘是做蛋糕用的，还有家里用的纸篓桶、吹风机和这瓶开水。要跟大家重点介绍的是干冰，干冰是低温固态的二氧化碳，加上开水后会吸热升华，将空气的水分凝结成雾状的水滴，我们用它来模拟海水。因为干冰的温度是零下七八十摄氏度，所以我带了手套防止冻伤。

干冰已经放到桶里，现在来加点开水。借助“神器”，召唤“神龙”。

大家可别眨眼，“龙吸水”被我请到了舞台上！

我转动转盘，是为了模拟它逆时针旋转，让海水螺旋升起。

问题就来了，它为什么能吸水？因为“龙吸水”本质上是一个涡旋，四周气压高，中心气压低。空气在旋转的同时带动着海水螺旋升起。打个简单的比喻，就相当是一个巨大的吹风机倒挂在高空。所以水就被吸了起来。可能有的朋友会问，吸了这么多水，这些水都到哪儿去了呢？全都变成云了吗？当然不可能，由于重力的原因，液体水不可能长时间停留在空中，所以“龙吸水”过后，附近的天空就会出现短时的强降水。“龙吸水”的颜值还是非常高的，但不管它多么好看，都是一种气象灾害，容易给飞机和轮船带来安全隐患。

如何来防御这种气象灾害呢？首先要密切留意海上的天气状况。据统计，夏季的雷雨天气背景下最容易发生“龙吸水”。如果恰巧遇到，要根据它倾斜的方向来判断其移动的路径，快速躲避。我们国家对气象灾害一直都很重视。早在2013年8月，广东省佛山市就成立了全国首个龙卷风研究中心。通过特定的波段雷达组网，更好地提升龙卷风等灾害性天气过程的预警服务能力。我也相信，在气象科技的不断发展下，一定能够早日驾驭这条“神龙”。

以上就是关于“龙吸水”的讲解，希望能够帮助大家更好地了解“水龙卷”。

智慧气象　一“网”情深

海南省气象服务中心　王洁琼

有位老奶奶非常爱看、爱听天气预报，有一天，她跟孩子说：“‘局部’是个什么地方？怎么雨老是下在它们那里？”当然了，这是个调侃传统天气预报的老笑话了。当一个城市出现“东边日出，西边雨”的天气时，传统的站点天气预报的确无法做出“局部”在哪的预报。如今有了智能网格预报，曾经让人摸不着头脑的“局部地区”，已经能被锁定到具体的位置，“局部地区”这个用语也将退出天气预报的舞台。那什么是智能网格预报呢？就是预报员借助现代的大气物理方程和高速的计算能力，将我们生活的每一个地区划分在一个个边长为 1 千米甚至更小的方块区域网格里，每个方块网格都有清楚的地理界限，有着不同的风、雨、云等天气现象。智能网格预报就是针对每一个网格区域开展自动化精准预报。

那网格预报能做什么？打个比方，我们成年人正常步行 1 千米需要大约 1538 步，用时 16 分钟。每一个“1 千米×1 千米”的网格预报可以将你所在小区、街道的天气预报出来。智能网格预报除了空间精确，时间上也越来越精准，你甚至可以清楚知道自己所在的位置“20 分钟后会下小雨、50 分钟后雨停”。

这是一张时空精细的天气预报网。气象部门将这张网不仅铺在了陆地上，也延伸到了海洋，通过这张网，南海所有的岛礁、渔场及其海区天气变化一目了然。

当这张智能之网和人们的生活、生产、农业、环境、交通、旅游等行业信息数据结合分析应用时,可以根据个人和行业的个性化需求,“制定”出更加智慧、实用的气象服务信息,并通过智能终端,如智能手机等展现出来,形成智慧气象服务。

比如,当我们到三亚海边旅游时,打开手机定位和导航,智慧气象服务将告诉我们:“亚龙湾 20 分钟后有 25 毫米的降雨,可能持续 30 分钟,建议您尽快终止户外活动,或在附近免税广场购物。”

新时代,新气象,网格预报,这张倾注了气象人深情的智慧之网,和以之为基础开发打造的智慧气象服务,将为人民美好生活、国家经济腾飞提供更为精准的气象服务保障!

飑线天气话你知

福建省漳州市气象局 熊 红

大家好，我是飑线，对于许多朋友来说，我是陌生的。而且令我更郁闷的是，大家经常叫错我的名字，按照认字认一边的习惯，有人叫我风线，有人叫我包线。

那我到底是怎样的一条线呢？其实我是强对流天气家族中的一员，气象专家给我的家人取的名字分别是：雷雨大风、短时强降水、雷暴、冰雹、龙卷风，当然还有我——飑线。我以“带状”的影响范围和暴躁的脾气著称，是由许多雷暴兄弟侧着排排坐而形成的强对流云带。

从雷达上看，那一道刺眼的红色，就是我！我就像糖葫芦一样，串起一串雷暴，少则四五个，多则十几个或几十个。有人称我为强对流天气中的航空母舰，一个个对流单体雷暴就像是航空母舰上的战斗机。

我的脾气虽然火爆，但也不会随便发飙。我来源于不稳定的大气环境，并受到地形影响。当冷、暖空气齐上阵，相互碰撞释放出大量不稳定能量时，我就应运而生了。

从影响范围看，和大家熟悉的台风相比，我只能算是个小不点，长度通常只有几十千米到几百千米，宽度几十千米到二百千米。可是，大家别看我个头小，威力可真不小。我怕孤单，喜欢和家人们结伴出行，通常，我所经之处，风向急转，风速急剧增大，并伴有雷雨大风、冰雹、龙卷、水龙卷等灾害性天气。

听到这，也许您会问了，既然你的威力这么大，可为什么很少听到我的名字？是不是不会发生在我们国家呢？其实不然，从华北平原到华南一带地区都可以见到我的身影。

提起一些例子，您可能就会明白了。

2009，我袭击了山西、河南、山东等地，造成22人死亡，农业直接经济损失高达十几亿元。2015年，“东方之星”客轮翻沉事故。事后查明，事故原因是客轮遇到了我，并被我伴有的“下击暴流”击中。

好在，威猛的我却不能活得很久，我的生命通常只有几小时到十几小时。而正是因为我个头小，来得快去得也快这些特点，给预报员出了个难题。

我最喜欢的是春夏之交，所以，这段时间请大家多关注短时临近预报预警信息，减少外出，外出时远离大树、广告牌及危房等，做好防御措施。

目前，气象专家们正在对我的发展机制进一步加强研究，进一步完善监测系统，使观测网在空间和时间上更密集；进一步发展中小尺度数值预报模式，提高时空分辨率。“路漫漫其修远兮，吾将上下而求索”，期待气象人能够早日摸清、战胜我这个“暴脾气”的家伙。

风 劫

河南省气象服务中心 吴江楠

中原大地，老汤烩面、开封吊炉烧饼、洛阳浆面条，这些是如何成就吃货眼里一道道的“美食劫”呢？那么还要先从一粒粒小麦的种子说起。一般来说，从深秋10月被播种开始，它会经历发芽、分蘖、越冬、返青、拔节、扬花、灌浆，直到来年的5月底6月初才完成它的生命历程。这就是它生命中最有意义的样子——沉甸甸的麦穗，隔着屏幕仿佛都能闻到浓浓的麦香，而“麦宝宝”的一生，却是经历了无数风霜寒暑的劫难才能修成这丰收硕果，那今天我要讲的就是这其中一劫“风劫”——干热风。

每年春末夏初，是北半球太阳直射角度最大的一段时间，此时，中原大地上，炎热已经开始蔓延，地面增温快，而汛期又尚未到来，导致凝云致雨的机会少之又少。在这种大气比较干燥的基础上，由于气压梯度差产生了一股股又干又热的风。

但并不是所有又干又热的风都叫作干热风，而是有三个指标必须达到：第一，日最高气温要在30 ℃以上；第二，14时空气相对湿度小于或等于30%；第三，14时风速要达到3米/秒以上。

干热风来袭的时候，往往正是小麦生长的冲刺阶段，籽粒正在蓬勃地生长，而此时，小麦的叶片、根系却在逐渐地走向衰老，抗逆性也在大大减弱中。据试验，小麦灌浆的适宜温度是20～32 ℃，高于32 ℃时灌浆速度会明显下降。因此，温度越高、时间越长，灌浆下降速度越快。

干热风来袭的时候，往往会让“麦宝宝”们感觉就像被吹风机在烘干，这种持续的、干燥的热风会让小麦的麦芒干枯，叶片失绿萎蔫，麦粒干瘪，甚至导致千粒重下降。可以说，干热风是影响我国北方小麦稳产最主要的农业气象灾害之一。

但是，天有劫，必有解。

要想解“风劫”，就要帮助小麦在即将通往丰收的终点时经受住“体力、耐力的小测验”。首先，在选种时要选择抗逆性较好的品种；其次，针对不同生长时期的小麦也要有不同的对策：如果干热风发生在灌浆前期，可通过浇灌浆水让麦田始终保持一定的湿度，另外，再喷洒一些磷酸二氢钾，增强麦株自身的抵抗能力；如果在灌浆后期，可根据天气的预测，在适当的收获期内及早地进行收割，最大程度减少损失。

作为粮食大省，河南省每年的小麦产量占到全国的四分之一，每年 5 月 5 日至小麦成熟期间，也是我们气象人密切加强对干热风监测的关键时期。因此，及时发布的预警信息让农民大大提高了防灾意识。为粮食生产安全保驾护航，是河南气象人神圣而光荣的使命！

“麦宝宝”经历的这段凝聚了汗水和智慧的奇妙“风劫”旅程，让我们更加懂得要珍惜粮食，珍爱大自然的所有馈赠，尽享这些由“渡劫”之后的小麦所成就的“美食劫”！

远在太空的朋友——“风云四号”气象卫星

南京信息工程大学　祝维聪

不知道大家还记不记得，在 2017 年 9 月 25 日至 28 日期间，微信的启动页面更新了，在这张新图片里，地球照片变得更清晰、云层更细致了，并且视角由非洲大陆上空变化为我们祖国的上空。而这个变化得益于我国新一代静止轨道气象卫星“风云四号”的技术突破。

气象卫星属于人造卫星中的一种，它虽然远在太空，却与我们每天的生活息息相关。我们都是通过天气预报来了解未来的天气状况，以便对一些恶劣天气做好防范措施，可以说天气预报中的很多信息都是气象卫星告诉我们的。气象卫星是气象工作者为测量大气中的气象情况施放出的人造天体，它可以帮助我们探索大气的结构和成分，从而观测云、雨、风暴等情况。随着科技的发展，我们对于气象预报的精准度要求越来越高，风云四号气象卫星也应运而生。

“风云四号”卫星是我国第二代地球静止轨道定量遥感气象卫星，采用了三轴稳定控制方案，从而接替自旋稳定的“风云二号”卫星，其连续、稳定的运行也大幅提升了我国静止轨道气象卫星探测水平。“风云四号”卫星无论从功能还是性能方面都实现了跨越式的发展，最引人注目的一点是，它配置了 912 个光谱探测通道的干涉式大气垂直探测仪，光谱分辨率为 0.8 厘米，也意味着它在垂直方向对大气结构的探测不仅可以做到定量，而且还能将精度大大提高，这是欧美第三代静止轨道单颗气象卫星所不具备的。那么，精准地对大气垂直探测意味着什么呢？从前，我们在央视的天气预报看到的卫星云图是“风云二号”气象卫星云图，图片中主要是扫描辐射仪器的二维成像观测，而“风云四号”卫星投入应用的大气垂直探测仪，就像直接对大气做“CT扫描”一样，能够对垂直方向上的大气结构实现定量探测，直接获取大气各层的高精度数据，这对天气预报服务和气象防灾减灾监测的作用无疑是巨大的。

“风云四号”卫星是世界上第一个装载静止轨道高光谱分辨率红外探测仪的气象卫星；同时也是世界上装载仪器最多的气象卫星，可以说是既省钱，效率又高。目前，“风云四号”卫星已经开始正式投入气象业务运行。

气象科技与我们完全无法分离，看似一颗远在浩瀚宇宙中的气象卫星，实则伴随着我们每个人的日常点滴。大国重器“风云四号”，请记住它的姓氏——中国！

这个“杀手”有点儿冷

宁夏回族自治区石嘴山市气象局　陈佳迪

我们气象界的“杀手”数不胜数，有的声势浩大，以千军万马之势颠倒乾坤；有的悄无声息，于出其不意之时一招致命。今天我们要讲的这位，在众多“杀手”中以“高冷”著称，“高”是因其活跃的地盘位于中高纬度地区，“冷”是因为只有在寒冷的“加持”下它才能“大杀四方”，天气一旦变热，此君也就“有心无力”了，它就是凌汛。

“凌”是指河水结成的冰块，冰块和河水一起流动就形成了流凌。大量的流凌在河面上你推我搡、互不相让就形成了冰塞，严重时会将整个河道堵住形成冰坝，从而迫使水位迅速上升导致决堤、淹田、冲毁道路和建筑等，所以自古以来凌汛都是让人谈之色变的“杀手”。

那么如何来判断一条河流是否会发生凌汛呢？主要看两点：第一，流域内有结冰期；第二，河流是从较低纬度流向较高纬度，也就是要向气温越来越低的方向流动。举个例子，我们的母亲河黄河，整个流域相隔了10个纬度，其中内蒙古—宁夏段和山东境内的河段是从较低纬度流向较高纬度，每当冬季封河或春季开河时就很容易发生凌汛。如果河道坡降较小且平缓开阔那就更容易受到凌汛的青睐了。就拿我们宁夏来说，陶乐段、银川黄河大桥段和中宁段就是凌汛的主战场。

俗话说得好，只有对症下药才能药到病除。在我国黄河防凌汛实践的初期认为，凌汛是由于冰凌的存在而发生的，冰凌是主导因素，因而以破冰的方法来防治。采取过的防御措施有打冰、炸药爆破、飞机投弹炸冰等。随着实践的深入，气象工作者们认识到河内的冰凌如果没有水流作动力，冰凌静止不动，就不能形成凌汛，所以水流才是制服凌汛的关键。20世纪60年代三门峡水库和刘家峡水库相继建成使用后，黄河上、下游的防凌措施便发展到以调节水量为主、破冰为辅的阶段。近年来黄河宁夏段凌情大为缓解，青铜峡和海勃湾水利枢纽工程功不可没。

在和凌汛这位高冷“杀手”的较量中，没点儿独门“暗器”那怎么行？卫星遥感监测是克敌制胜的一大“法宝”，在卫星图像上，不同地物的光谱响应特征不同，可以容易地区分水体和非水体的界限。这样，在卫星图像上就能够将发生凌汛的时间、地点、面积等信息判读出来，进而可以估算出发生灾情的面积和受灾的类别等。如果说卫星是纵观全局的“千里眼”，那么近年来异军突起的无人机就是心细如发的“放大镜”。它们穿梭在河道上空，尽职尽责地将“看到”的一切细节报告给防凌指挥部。有了这两个利器，凌汛这个“杀手”的一招一式都被尽收眼底。

听了我的介绍，这个曾经让人闻风丧胆的“杀手”揭开了它“高冷”的面纱。天能胜人，但有了科技手段，人亦能胜天。

关于"局部"的那些事

浙江省台州市气象服务中心　李梦萦

大家好，我的名字叫"局部"，很高兴能站在这里向大家介绍我自己。

一直以来，网络上不乏有我的段子：比如说"有个叫'局部'的地方天天下雨"，"中国最神秘的莫过于'局部地区'"。然而作为科学、严谨、有内涵的我表示相当无奈，我并不是像宋英杰老师说的那样是"邮局旁边的小卖部"。

请允许我正式向大家介绍一下自己，气象意义上把范围很小，面积仅占全域范围10%以下的天气现象，称为局部天气，局部天气所覆盖的地区就叫作局部地区，也就是我。这倒是让我想起了那首古诗"东边日出西边雨，道是无晴却有晴"，说的就是我。

不过在座的各位可能又有疑问，既然有局部天气，基层预报员们为啥不直接指明我在何方，非要在预报用语中带上我，是因为喜欢我吗？还是怕报不准？其实这是当下科技水平下的严谨表现。因为我大多时候跟着中小尺度天气"混"，它们变化多端，让人难以精确定位，只好用我来泛指它们会出现的地方，这完全不像冷空气，块头很大，现在的科技可以较好地模拟其影响范围，但是中小尺度天气就不行了，它们不仅范围太小，还机灵又调皮，经常不按套路出牌，加上目前科技受限，短期内的数值模拟只能了解它的大概动向。这就好比有一只贪吃的蚂蚁要爬向前面的那块糖，我们知道它肯定会爬过去吃糖，但却无法判断它是走哪条路，经过哪个区域，这个区域就是局部地区。因此，为了使短期预报更加准确和严谨，预报员们才无奈地频繁用我。

不过随着气象设备和技术的不断发展，数值预报精细化将会成为必然趋势，判断天气系统的行踪变化将更加精确，相信我也会逐渐退出历史舞台，但我的退出必然伴随着气象工作者骄傲的眼神。

冰雹——冰冷外表下的“火爆心”

中国气象局气象干部培训学院湖北分院　徐丽娅

说起冰雹，很多朋友都见过。小的如绿豆，大的如拳头。不过，在气象规范中，只有直径超过5毫米才能称之为冰雹，小于5毫米的只能叫“霰”。从外观来看，冰雹就是一个冰球，如果把它从中间切开，可以看到冰雹中心是不透明的雹核，也叫雹胚，外面则是由一层透明、一层不透明交替包裹的外衣。冰雹为什么会出现这样的结构呢？这就要从冰雹的“生产工厂”说起了。

对流发展旺盛的积雨云是冰雹的“加工厂”。这个“工厂”从下而上可以分为三层：下层温度比较高，主要是水滴；中间层的温度在0 ℃到－20 ℃，是由冰晶、雪花和过冷水组成的混合层；最高层的温度更低，主要是冰晶和雪花。中间层就是冰雹成长的摇篮。小的雹胚，随着上升气流在积雨云中“上蹿下跳”，它就像是一个正在寻找目标的猎手，如果它捕获的是冰晶或者雪花，它就会穿上一件不透明的外衣，如果它捕获的是过冷水，它就又多了一件透明的衣服。如此循环往复，小冰雹逐渐长成为大冰雹，直到上升气流托不住它，它就会砸向地面，一场降雹由此拉开帷幕。

冰雹的破坏力不容小觑。虽然它出现的范围小、时间短，但来势非常凶猛。可以砸坏作物、房屋、车辆，甚至造成人员伤亡，因此，说冰雹“脾气火爆”真是一点都不为过。冰雹往往还会伴随电闪雷鸣和狂风暴雨。面对自然灾害，我们真的束手无策么？

在古代，我们伟大的劳动人民总结出很多谚语来说明冰雹发生的前兆，例如“黑云尾，黄云头，冰雹打死羊和牛”。而在今天，各地的气象台站可以通过雷达探测，做到冰雹的提前预警。冰雹橙色预警信号表示 6 小时内可能出现冰雹天气；红色预警表示 2 小时内出现冰雹可能性极大。如果在户外遇到冰雹，啥都别想，赶紧找地方躲起来，但是切记千万不能躲在大树底下，因为伴随冰雹的还有雷电灾害。与此同时，气象部门也在积极开展人工消雹作业，自然状态下，冰雹云的内部雹胚数量比较少，而过冷水充沛，这样容易形成个头大的冰雹。人工消雹的原理就是向冰雹云内部播撒过量碘化银，形成雹胚，来“争食”云中的过冷水，化大冰雹为小雹粒，消雹的目的也就达到了。但是冰雹这个“暴脾气”，它不仅“来去匆匆”，还经常“多点开花”，这就给准确预警和人工消雹带来了很大的挑战。尽管有困难，但是气象人一直在为此而努力！

龙脊梯田的奥秘

广西壮族自治区百色市气象局
作者：黄露莹　黄桂珍　罗桂湘　解说：黄露莹

“轻纱薄雾绕千峰，稻拥梯田似脊龙。妃子不知何处去？云深戏隐万山中。”这首诗里云蒸霞蔚、宛如仙境一般的美景，说的就是我们广西龙胜各族自治县的龙脊梯田。可能很多地方都有梯田，可是像龙脊梯田这样大规模的梯田群实属罕见。从流水湍急的河谷，到白云缭绕的山巅，从万木葱茏的林边，再到石壁和陡崖前，但凡是有泥土的地方，都开辟了梯田，连片梯田超过一万亩。龙脊梯田已经有2300多年的历史了，而在前不久，它还刚刚被联合国粮农组织授牌认定为“全球重要农业文化遗产”。

龙胜各族自治县位于南岭山脉南侧的桂东北，因为受到亚热带季风气候的影响，它的气候温暖湿润，这些丰富的光、温、水资源为龙脊梯田的农业生产提供了坚实的保障。

人们常常用“有收无收在于水”来形容水对农业的重要性。龙胜各族自治县降雨丰沛，近五百年来，多雨年份多于少雨年份。目前，当地的年降雨量超过了1500毫米，其中3—8月的月平均降雨量都在100毫米以上，这也正是水稻的生长发育和产量形成的关键阶段。即使在其他月份，月降雨量也有40到80毫米。

龙胜各族自治县雨热同季，月平均气温从3月的13.6 ℃升到4月的18.8 ℃，为早稻的育秧提供了保证。而在5—6月时又会攀升到25 ℃，7—8月份维持在26～27 ℃，水分供应和温热走势达到了与水稻生长同步的最佳状态，保证了庄稼良好的收成。

现代科学的研究表明，梯田具有隐形水库的集雨功能和分级截流、分散蓄水模式的优点，这大大减少了水土的流失。梯田可拦截70%～95%的地表径流和90%以上的泥沙。在同样坡度的山地，有梯田比没梯田的土地的保水率高了30%，而且梯田种稻谷的光能利用率也比在平地上种的稻田要更高。因此，绝大多数的梯田虽然没有人工灌溉系统，却是连年丰产，很少会发生滑坡、泥石流等灾害。

站在龙脊梯田的最高处放眼望去，只感觉到脚下层层叠叠的梯田像潮水一样涨起，以排山倒海之势奔涌而去……说到这儿，您是不是也对这样的美景心生向往了呢？那么欢迎您背起行囊，来一次说走就走的旅行吧。无论春、夏、秋、冬，不管雨天、晴天，龙脊梯田都有它不同的神韵，总能让您不虚此行。

科学驾驭　乘风破浪

江西省气象服务中心　作者:王　磊　解说:何忠懋

“我欲乘风归去,又恐琼楼玉宇,高处不胜寒。”这是宋代词人苏轼的传世名句,其中“风”被赋予了绚丽浪漫的色彩。在现实生活中,风是空气流动引发的一种自然现象,看上去稀松平常,但却并不简单。

天气动力学方程组是当今世界所有天气预报模式的基础,其中与风相关的变量多次出现。由此可见,风在天气变化中扮演了重要的角色。从全球大气运动的宏观角度看,如果说阴晴雨雪是大气运动的结果,那么,风就是这个结果的幕后推手,是阴晴雨雪的搬运工,是四季变换的指挥家。

风常常被人们赋予丰富的含义,但在现实生活中,风并不总是温文尔雅。2018 年 3 月 4 日,由强风引发的一场灾害,场面触目惊心。据监测,当时现场测量到的瞬时最大风速高达 37 米/秒,相当于一辆轿车以每小时 130 千米的速度狂奔。这样的强风足以将一个成年男性瞬间撂倒在地。

为了束缚风的野性,减少风带来的灾害,我们用现代化的气象仪器监测风的活动。这个“漏斗”状的物体叫作风廓线雷达,它能够监测从 100 米到 8000 米高空的大气层密度、气压等要素的实时变化,演算出不同高度大气层的风向和风速,由此我们就能预测风将导演一场怎样的天气剧目,并及时向大家发出预警。

虽说风的性格有些乖张,脾气还不小,但风作为有助于减少污染的清洁能源，已成为能源舞台上的一个重要角色。本世纪初，江西省气象部门就开始利用数值模拟和 3S(Remote sensing，Geography information systems，Global positioning syetems)技术，对环鄱阳湖地区的风能资源进行精细化评估，为风能电厂建设提供气候依据。2018 年，江西省风电装机规模已经达到了 240 万千瓦。

看来，只要我们科学利用，风就能转化为电、光、热，走进我们生活的方方面面。

“风云家族”巡礼

国家卫星气象中心 朱 杰

大家好，我是国家卫星气象中心讲解员朱杰。我今天将从分类、职责、回收方式三个维度，带领大家一起巡礼我国气象卫星大家庭。

我国的气象卫星诞生于20世纪70年代，近五十个春秋的成长路线，经历过婴儿时期的懵懂、幼年阶段的好奇、青年时代的探索，目前已经步入了成熟、稳健的中年期。目前我国已经发射了16颗气象卫星和1颗全球二氧化碳探测科学卫星。根据轨道高度的不同，这些气象卫星可以大体分为两类：极轨卫星和静止卫星。下面我就带领大家认识一下它们。

极轨卫星也叫太阳同步轨道卫星，轨道高度距离地面800～1000千米，像一个“巡逻兵”那样绕地球南、北两极飞行，每一点的注视时间很短，相当于“扫视”着地球上发生天气现象。它们飞行一圈大约是102分钟，全天可以获取14至15轨全球观测数据，“飞得低、飞得快”的优点使得它们在监测中长期天气系统演变方面是绝对的主力。

静止卫星也叫地球同步轨道卫星，轨道高度大约36000千米，是在赤道上空地球同步轨道上工作的卫星，也就是它们相对地球来说是静止不动的，像一个“固定哨”那样，不间断地“凝视”着地球上某个区域发生的天气现象。“飞得高、飞得稳”的特点使得它们更适合连续观测固定区域内发生的所有天气现象，更棒的是它们具有很强的机动灵活性，可根据需要进行高频次加密观测，敏捷地捕捉到快速变化的天气系统，主要用于我国境内及周边国家短期天气分析和预报。

为了便于区分它们，科学家们用奇数序号来命名极轨气象卫星，如“风云一号”“风云三号”等；用偶数序号来命名静止气象卫星，如“风云二号”“风云四号”等。每一个序列中，按照发射顺序用字母来命名，一般前两颗星如 A 星、B 星是试验星，后面的是业务星。

每一颗气象卫星在太空中都有自己的岗位和职责。下面就请大家跟随我的讲解，遨游浩瀚的太空，与其中最先进的代表来打个招呼。首先登场的是“风云三号”D 星，2017 年 11 月 15 日成功发射，是我国第二代极轨气象卫星“风云三号”小组的第四颗卫星，也是目前国内光谱测量通道数据最多的卫星。7000 多个测量通道，10 个有效载荷，极大地提升了我国应对全球气候变化、生态环境监测和空间天气预报方面的能力。下面出场的是我国首颗全球二氧化碳监测卫星 TANSAT，2016 年 12 月 22 日发射，可以定时获取全球二氧化碳的分布，为改善大气环境、消除大家都讨厌的雾、霾出了不少的力。最后华丽上台的是风云四号 A 星，2016 年 12 月 11 日发射，它是我国第二代静止气象卫星“风云四号”小组的第一颗卫星。它上面搭载了四个当今世界上最先进的探测仪，能够像做 CT 那样，对大气进行垂直探测，能够对空间磁场进行监视，更能够从太空中对我们国家发生的闪电进行连续拍照。所有这些酷酷的功能，确实值得我们大家点赞：厉害了，我的气象卫星！大家如果留心就会看到，为了庆祝“风云四号”取得的巨大突破，微信启动页首次“变脸”。在 2017 年 9 月 25 日至 28 日期间，微信启动时，可以欣赏到由“风云四号”从太空拍摄的最新气象云图，替代了原来由阿波罗 17 号太空船舱员拍摄的地球照片《蓝色弹珠》(The Blue Marble)，画面中心也从非洲大陆变成我们的祖国。

人老了会退休回家，那大家可能要问了，随着时间的发展，这么多气象卫星会不会也有退休那一天呢？退休了，也“回家”吗？这个问题困扰了科学家很多年。目前，我们主要有四种方法迎接那些

“退休”的气象卫星。第一种是将卫星推入“轨道墓地”,避免对其他卫星造成影响;第二种是用导弹击落不再发挥作用的气象卫星,为其他有用的卫星提供更多的空间;第三种是进行太空修理,相当于在太空为卫星“看病治疗”;最后一种是“火葬”,就地燃烧已经报废的卫星,形成太空垃圾后再统一回收。

今天的气象卫星大家庭之旅只开启了一个小小的序幕,随着技术的进步,这个大家庭还在不断发展壮大。我国的气象卫星事业在国际上的地位,也已经从跟跑、并跑,发展到如今的领跑阶段。气象卫星家族中的每个成员,都热情地欢迎更多的朋友来了解它、拥抱它、热爱它,为我们的气象科学研究提供更丰富的观测资料。

飞“龙”在天——中国龙卷风

江苏省气象服务中心 张 洁

提到龙卷风你会想到什么？恐怖灾难、致命风暴或者美国大片？的确，我们常常会在一些“美国大片”中看到龙卷风的肆虐。美国是世界上龙卷风最多发的国家，其实咱们中国也深受龙卷风的“青睐”！中国的龙卷风尽管没有美国大片中的那么强烈，但也有自身的特点，今天我就给大家来介绍一下中国的龙卷风。

“康熙丙戌年六月初三日，值大风雨，有龙自西南而来，至乌镇独脚桥渐渐近地……其曳尾之处，摧屋如伞，桌凳蚕具飞空如雨……”这段文字取自古代村志《前朱里纪略》。从现代气象学的角度去解释，很不幸，一个龙卷风袭击了乌镇，把许多蚕宝宝吹上了天。蚕宝宝心里苦啊，我还没变蛾子呢，你让我怎么飞啊。

在中国古代，人们由于缺乏气象知识，再加上神话传说的影响，很自然地把龙卷风跟龙联系在一起。而北美洲的印第安人，则把它视为快速奔跑、有着神力的马。但遗憾的是，这“龙马”可不是《西游记》中平和温顺的白龙马，而是一条狂龙，一匹烈马！

据统计，江苏省平均每年生成 5.5 个龙卷风，居全国所有省份龙卷灾害榜首！这是为什么呢？我们先来看一下地形图。可以看到，江苏冰雹和龙卷风的集中发生区域，正好以京杭大运河为界，运河以东的龙卷风和冰雹灾害多于运河以西，苏北地区的大风、冰雹灾害也明显多于苏南地区。因为苏北地区地势平坦低洼，江河湖泊水网密布，又处在亚热带和暖温带气候过渡地带，容易聚集不稳定能量，从而促进冰雹大风甚至龙卷风的发生。

大家应该听过“神秘的北纬 30°”吧？我国东部的这一带季风盛行，水汽充沛，冷暖空气常常在此激烈交锋，有利于雷雨大风甚至龙卷风的发生。你们有没有发现，江苏北部地区和美国的龙卷风高发区都处于北纬 30°。

当然，龙卷风也是有强、弱之分的。按照龙卷等级划分，2016 年 6 月 23 日江苏省盐城市阜宁、射阳部分地区遭受的那场超强龙卷风就属于 EF4 等级。试想如果让我碰上了等级中最强的 EF5 级龙卷风会发生什么呢？这么说吧，以这个风速，沿垂直方向，我可以“扶摇直上九万里与鹏鸟比高下”；沿水平方向，我可以和“复兴号”高铁决雌雄，人生果真如此，这辈子也值啦！

说到这里您可能会问，如果真的遇到龙卷风应该怎么办呢？您别慌，下面我就跟大家说说应对龙卷风的具体举措！躲避龙卷风最安全的地方是地下室，或者躲到与龙卷风方向相反的墙角，远离门窗，抱头蹲下。在野外，应当尽量跑向与龙卷前进方向垂直的两侧，如果龙卷风已经到达眼前时，就近趴进低洼地，用双手护住头部和脖子。

揭开龙卷风的面纱后，我们会发现，龙卷风并不像我们想象中的那么神秘莫测，大家在遇到龙卷风的时候一定不要惊慌失措，要沉着冷静合理应对。希望我的讲解能让大家对中国龙卷风有进一步的科学了解，谢谢大家！

巍巍贺兰——宁夏平原的天然屏障

宁夏回族自治区气象服务中心影视制作科　赵　亮

我今天所要介绍的贺兰山位于我国西北宁夏与内蒙古的交界处，山势雄伟，好似万马奔腾。南北长 220 千米，东西宽20～40千米，平均海拔在 2000 米以上，主峰“敖包圪垯”海拔 3556 米。雄伟的山势，遮挡住了腾格里沙漠滚滚的黄沙，将西北高寒气流阻挡在了贺兰山西侧，为宁夏平原构筑了一道天然屏障。

贺兰山常年受西风影响，在山的西侧，由于气流沿着山坡被迫抬升，当上升气流增强到一定程度的时候，空气中所含有的水汽便很容易凝结成云、产生降水。所以贺兰山西侧降雨丰沛，植被茂盛，而靠近宁夏平原的东侧处于背风坡，由于常年得不到暖湿水汽的滋润，再加上蒸发量相对很大，土壤干燥、降水稀少，这就是所谓的雨影效应。

但是在夏季，如果这一年影响我国的东南季风势头比较强劲，可以一路西行，能够在贺兰山东侧形成迎风坡上升气流，最终产生降水，便可使原本干旱少雨的这里得到充沛雨水资源，如 2016 年 8 月 21 日，贺兰山东侧的小时雨强一度达到了 82.5 毫米，最大累计降水量达到了 239.5 毫米，要知道，在往年，宁夏平原地区一年的降水量才只有 200 毫米左右。

在蒙语中，“贺兰”是骏马的意思，而那延绵着的二百多千米的山脉，似乎是以守护者的姿态出现。当凛冽的西风气流呼啸而来，受到贺兰山阻挡，浅层气流无力翻越山顶，便沿西坡南下、北上，由于贺兰山南段山势比较平缓，南下的气流到了海拔较低的地方又会翻山而过，然后在山东侧继续沿山北上，经过这重重阻力之后，宁夏平原地区所经受的风力已经被大为减弱了。数据显示，宁夏平原南、北两端的兴仁和惠农地区大风日数要比中部的银川地区多31天，试想一下，如果没有贺兰山的守护，被腾格里沙漠、乌兰布和沙漠、毛乌素沙地三面包围的宁夏平原会是怎样的一种狂风肆虐、戈壁荒芜的景象。

如果说黄河像母亲一样哺育了宁夏平原肥沃的土壤，那贺兰山就像父亲一样用他宽阔的臂膀为宁夏平原遮风挡雨。在它们的共同呵护下，这里气候具有日照充足、热量资源丰富、无霜期长等特点，盛产大米、西瓜、苹果、枸杞、酿酒葡萄等，闻名全国，素来就有“塞上江南鱼米之乡”的美称！

云南的“第十九怪”——下关风

云南省气象服务中心　王嘉宝

了解云南的朋友都知道，这里流传着“云南十八怪”的说法，但今天我要向大家讲解的是来自云南的另一大特色，我称它为云南的“第十九怪”，它就是云南大理特有的“下关风”。这种风非常的特别，终年不停歇，与此同时，还产生了一些奇特的自然现象，也引起了很多朋友的关注。

下关风现象

在云南大理有“四绝”，分别是下关风、上关花、苍山雪、洱海月。而这其中的下关风，是“四绝”中看不见、摸不着的景色。但恰恰是这隐形的风，才成全了大理之美。在大理，因为常年和下关风打交道，也给予了大理人民建筑的智慧。由于风大，大理的房子都是坐东向西，除了可以接受日照，也是为了让下关风擦肩而过。白族建筑艺术中的一大景观——“三坊一照壁”，其中的照壁也具有很好的挡风、遮挡视线、避害的功能。

下关风的成因

生活在北方的人们，冬春季常常会受到风沙之苦，但是下关风吹起来却会令人神清气爽，忘却烦恼。我们常常用“风高不寒、无沙无尘”来形容这奇特的下关风。其实，下关风的成因与点苍山一洱海局地特殊地形有关，苍山的地形动力作用和洱海的热力作用改变了大气边界层内气流运动，冬半年盛行的平直西风气流以及夏半年来自印度洋、孟加拉湾的季风气流沿点苍山西坡绕流，然后受地形的狭管效应加速通过斜阳峰和者摩山两山对峙的峡谷地带(点苍山和哀牢山山脉的结合部),从而形成风速较大的西南风。同时由于西南地区的植被覆盖较好,所以在下关,空气当中丝毫闻不到泥土的味道。

借风发力

下关风是苍洱之间主要的风源,一年之中大风日数在35天以上,可以说是常年有风,平均风速为每秒4.2米,最大风速达10级。所以,下关的风力资源非常丰富。2009年的春天,在大理海拔近2600米的者摩山上,矗立起了一排排高大洁白的风车,总长度18千米,它们随风旋转,在阳光下闪闪发光,和大理下关相互交融。这是在云南省内建成的首个风力发电项目——大理者摩山风力发电厂的风车。因为这魅力奇特的下关风,才有了风力发电,不仅为云南大理创造了良好的生态环境,取得了经济和社会效益,还造福了万千人民。

冰雹——来自天空的手榴弹

四川省宜宾市气象局　郭银尧

大家好，初次见面，给大家献上一盘元宵！开个玩笑，这可不是什么软糯香甜的元宵，而是质地坚硬、破坏力极强，被称为“来自天空的手榴弹”——冰雹！

说到冰雹，大家大都只闻其声不见其影，这种奇异的天气现象通常会在什么地方发生呢？在我国出现冰雹最多的地区是青藏高原，西藏自治区东北部的那曲县，每年平均有35.9天，也就是每十天就有一天在下冰雹。而放眼全国，几乎每个省份都或多或少有冰雹成灾的记录，说明这个天空“手榴弹”的打击范围是相当的广泛。

那么它又是在什么时间“发动攻击”呢？根据我国全年的统计资料显示，它多发生在天气复杂的春、夏季节，也就是4—10月；具体到每一天，它多集中在午后，特别是15点以后，所以跳广场舞的叔叔、阿姨们可得多加注意了。

它的威力又如何呢？气象学上规定，直径大于5毫米的固态降水就称之为冰雹，大多数的冰雹啊，也就是玉米粒大小。别看它是固体，由于它受到的空气阻力大，因此，落到地面上的速度还没有同等大小的雨滴快。在我国南方地区有时会产生直径在几厘米的大冰雹，也就是我们所说的鸡蛋大小，这个时候，它的威力可就大了，打穿汽车玻璃那是不在话下，它对农业、建筑、通信、电力、交通都有非常严重的危害。但这还不是最大的，在美国的南达科他州出现了迄今为止最巨型的冰雹，它的直径达20厘米，重达1千克，下降速度可高达每秒 40 米，如果遇到了这样的天气啊，赶紧去买彩票！

我们剖开一个冰雹，从它的横截面可以看到像洋葱一样的层状结构，也揭示了它的“制作”过程：首先，需要有足够的原材料，冰雹是一种特殊的降水，大气中必须要有足够的水汽，云的垂直厚度不能小于 6 千米；其次，云中的温度必须达到 −12 ℃以下，才能让一个温柔的小水滴裹上坚硬的外壳；最后，还需要有强烈的垂直风切变，才能让水滴不停地包裹冻结，越变越大，也就是冰雹上面层状结构出现的原因；最终，重力战胜了浮力，才使这颗大自然精心制作的“手榴弹”掉了下来。

面对敌人的炮火，进攻就是最好的防御！我们现在防御冰雹主要有两种途径：一是向云中播撒催化剂，让冰雹没有变大就降落下来，我国自主研制的 JFJ－Ⅰ型防雹火箭就是这种类型；二是直接以空中爆破的形式，用爆炸产生的冲击波，破坏云层结构，从而达到消雹的目的。

随着科技的发展，观测手段的多样化，我们必将牢牢掌握冰雹的行踪，在这颗天空“手榴弹”落下来之前就将它拦截，让冰雹不再危害人间，让人们不再对它谈之色变！

小预报　大学问

江苏省南京市气象局　胡晓冰

生活中我们常常会遇到这样的困惑：中央气象台、中国天气网、各种手机天气 App，每天形形色色的天气预报，我该选哪一款？微信朋友圈里转发的“爆款”天气文章又真的可信吗？看似一份常见的天气预报中，藏着多少学问呢？今天我来给大家讲解一下。

首先，我们要警惕不要被不明来源的虚假天气预报给“忽悠”了，也就是我们常说的“天气谣言”，我们总结了天气谣言“三板斧”的特征。

第一个是“百年一遇时常有”。像这类谣言就时常被转发到微信群里，常常带有“紧急、特大、多少年一遇”这样的夸张字眼。实际上，气象部门对极端天气有着非常严格的认定程序，一般是灾害天气实况出现以后再做的分析。所以，“百年一遇”这样的词语不会用于预测内容中，请大家切记。

第二个是“张冠李戴难分辨”。比如这篇文章用的是江苏省气象台发布的预报信息，但预报中的“零下 3 摄氏度”指的是省内最低气温，而这个媒体却将“零下 3 摄氏度”直接套在了南京市的标题上，而南京市当天的实际预报最低气温是 2 摄氏度，更不会出现下雪，所以我们要警惕，不要掉入文字游戏的陷阱。

第三个是“朋友圈疯传不定真”。这个案例中的情况直接冒充了中国天气网帐号，用着中央气象台的预报信息，却说着非官方的结论。那识别这样的谣言要注意两点，首先要识别是否是官方平台认证的帐号，显然这个是冒充的，其次是注意其发布内容的时效，像这里用的是中央气象台的预报图片，但这个预报的时效是到24号的午后14时，他是想用这个图片来佐证他所谓的江苏省要从下雪的区域消失，但实际上江苏省下雪是从24号的下午才刚刚开始。

希望大家可以通过以上几个特征和科学方法去判断气象信息是否真实，让谣言止步。

现在大家拥有了识别天气预报真伪的火眼金睛，下面我来向大家讲解一下如何查找权威天气预报。

目前，国家、省、市、县四级气象部门已经为大家提供了不同时间、空间尺度的权威预报产品。

天气预报也正在向精细化、智能化方向发展，已能够提供一小时以内街道级天气预报。

气象部门发布的预报、预警信息一般会通过广播、电视、报纸、短信以及官方网站、官方的微博、微信、客户端等公共传播方式。公众可通过关注这些官方渠道查看天气信息。

一些气象部门还提供了定制天气预报服务，您只要将今天行程的时间、地点输入，一份私人定制化的天气预报就呈现在您面前了。

我一直觉得权威的天气预报信息就像是一道光，而如何让这道光照亮更多的人是我们每个气象人的责任与使命。希望通过我的讲解可以让更多的人科学地认识和运用天气预报，谢谢大家的聆听。

滴水成冰的奥秘

广东省韶关市气象局　李宇璐

话说明朝有个文人叫蒋焘，善于对对联。一天正下着雨，家中来了客人。客人出了一个上联："冻雨洒窗，东两点，西三点。"蒋焘抱了个大西瓜，切出几块，从容应答道："切瓜分客，横七刀，竖八刀。"此联对的是十分巧妙。对联里出现了"冻雨"，那我们现在气象学里说的冻雨又是什么呢？

来，不要做一个"吃瓜群众"，和我一起来探索冻雨的奥秘吧。

冻雨，这个"冻"字是关键，为什么雨会被冻起来呢？为了方便大家理解，我们从一个小故事说起。

暖空气正在开心地玩耍，一股凶狠的强冷空气自北往南走，因为冷空气密度大，会越走越低，像一把小铲子，斜插在暖空气的下方，冷空气霸占了暖空气的位置，暖空气被迫离家出走，因为暖空气密度小，只能抬升往上走。这样一来，可怜的近地面就被冷空气控制住了，近地面一害怕，气温就降到了零摄氏度以下。

此时三分天下的局面出现了。从上到下呈现"冷一暖一冷"的分布格局。高空冷层来提供小冰晶，暖气团负责融化，最底下这层近地面被冷空气控制，气温已经接近甚至低于 0 ℃了。最后当雨滴一接触到近地面上的物体，例如电线杆、植被、道路表面等，就会迅速结上一层晶莹透亮的薄冰。于是，冻雨这个顽皮的孩子就出来捣乱了。这就是冻雨的形成。

我的家乡广东省韶关市在 2008 年出现过 80 年一遇的雨雪冰冻

灾害，由于冰层太厚，树木成片成片地倒下。同时电力设施被冰层毁坏，22.19万人生活在停电的漆黑当中。带来的影响还不止这些。韶关市与湖南、江西两省交界，又毗邻广西壮族自治区，是广东省北上出省的交通重地，这场雨雪冰冻灾害，直接导致大量车辆拥堵、滞留，京珠高速公路乳源至乐昌段排起了四十多千米长龙，137辆旅客车停运，数万人的春节回家路，就这样被无情阻断。

今年，同样的区域，像乐昌市，又出现了冻雨天气，但是这一次，春运回家路却畅通无阻。因为这次我们拥有了“智慧气象”下自主研发的数值预报技术，帮助我们提前知晓了冻雨的到来，让我们能够及时做出预防措施，提前准备除冰物资，市民可以根据预警信息提前规划行程。甚至，我们还能预测出雨凇冰挂的最佳观赏期，发展山区特色旅游项目，让游客大饱眼福的同时，还让当地老百姓尝到了甜头，让“智慧气象”走入寻常百姓家。

冻雨，我们已经破解了你的奥秘！

冰雹长成记

贵州省气象服务中心　陈静怡

大家好，这一开始啊，我先给大家出个谜语："遇冷结成疙瘩，乌云深处为家，出门敲锣打鼓，一来就毁庄稼。"没错，这道谜语的答案就是冰雹。

在咱们贵州啊，经常会在电闪雷鸣、风雨大作的同时降下冰雹，有时冰雹甚至还有鸡蛋这么大，我们就不明白了，云里面掉出来的冰疙瘩是怎么长成这么大的呢，我们今天就来看看冰雹是怎么长成的。

您可能会有疑问了，我们不是在说冰雹吗，为什么我会放一张元宵的图啊。其实，冰雹的形成跟这个滚元宵有很多异曲同工之处，滚元宵我们都知道是在米粉中不断地翻滚做出来的。而加工冰雹的"工厂"就是一种深厚的积雨云，我们或者可以称它为"冰雹云"就像刚才的谜语里提到的"乌云深处为家"，这就是冰雹的家。

那为什么说冰雹的形成跟滚元宵类似呢？具体来说，就是在积雨云内有强烈的气流上升运动，它给了冰雹胚胎一个向上托举的力，而同时呢，重力的作用又迫使冰雹胚胎向下掉落，在这两种相反方向的力的共同作用下，就像是把它放在拔河绳的中间上下拉扯，使得冰雹胚胎在积雨云中上下来回翻滚，就像是元宵在米粉中翻滚一样。

在这个过程中它可没有闲着，它与云中的水滴、雪花、冰晶和过冷水滴不断碰撞并变大，就像我们玩的"吃豆子"游戏，冰雹一口一口地吃成了一个“胖子”，直到上升气流再也托不住它，便会掉落到地面了。

我们说冰雹的危害重，谜语里也说它“一来就毁庄稼”，那我就要考你们一个问题了，冰雹从那么高的云中掉落在地上，冲击力到底有多大呢？

假设冰雹的大小跟鸡蛋差不多，那它的重量大约是 30 克，在不考虑上升气流和空气阻力的影响下，鸡蛋大小的冰雹从 1000 米高空的云中落在地面上，相当于一个 3 千克的物体从 10 米高处落下，你想象一下啊，你从 3 层楼高的地方扔下一个带土的花盆。可想而知，冰雹的冲击力有多大了，不仅是能砸坏花花草草、农作物，给您的爱车砸出小坑，砸到人的身上更是会受伤流血。

当冰雹发生时，我们一定要保持警惕，想尽一切办法保护好我们的人身和财产安全。

趣说“倒春寒”

安徽省芜湖市气象局　沙　童

“在山的那边、海的那边有那么一群人，他们一会儿穿衬衣，他们一会儿穿棉衣。他们开春以来穿越在那赤道与南北极，每天降低10摄氏度真刺激！”一听这首独一无二量身定做的开场曲，赶紧有请我们今天的主角“倒春寒”登场！

说起“倒春寒”，冷、热交替变化无常的天气是它的特色，除了天气春、夏、秋、冬随机播放，还外加不定时的360°立体环绕风，据说这样出场比较威风。老话说“四月天，乱穿衣，南方冰雹，北方一片晴”。那到底什么是“倒春寒”呢？“倒春寒”是指初春，一般指2月末3月初气温回升比较快，而在春季后期，气温较正常年份偏低并常伴有连阴雨的天气现象。长时间的阴雨天气，频繁的冷空气入侵，晴朗夜晚的持续强辐射冷却，这些都容易造成“倒春寒”。我国由于南、北方气候的差异，“倒春寒”出现的时间也不一样，南方要比北方早一点。如果冷空气够强，还会使气温猛降到10摄氏度以下，甚至带来雨雪天气，如今年4月4日北京就下了雪，“倒春寒”是不是很任性啊？

善变的“倒春寒”对农业生产和人的健康都危害很大。“倒春寒”来临时，强降温会造成大面积种植的小麦受到不同程度的冻害；正处于生长阶段的在田蔬菜，比如美味的福建芋头，也会因为连阴雨而长势减缓甚至会烂根、烂叶；而像一些水果，比如咱们都爱吃的葡萄，这时候正在萌芽抽条，早熟品种刚刚开花坐果，但被这倒春寒一冻啊，果树就全蔫了。同时，“倒春寒”也会对我们人体健康不利，容易引发上呼吸道感染、心脑血管、关节炎等疾病，有慢性疾病患者和老、幼人群可要注意了，当气温骤降时，一定要注意添衣保暖，要特别注意手、口、鼻部位的保暖，还要加强体育锻炼，注意休息，保持情绪的平和稳定。

面对这么任性的倒春寒，不管是从农业生产的方面还是从居家生活的角度，都要密切关注天气预报。现在想必您应该知道为什么开场曲里那群人要“一会儿穿衬衣，一会儿穿棉衣”了吧？好了，最后温馨提示各位朋友：春捂秋冻要记牢！咱们可别熬过了寒冬，却冻伤在春天。

其实你不懂它的心

北京市大兴区气象局　薛禄宇

大家好，我是一名来自县级的预报员，今天这个题目是个小故事，这还得从我第一次见岳父开始讲起。

我记得当时岳父问我上大学学的什么专业，我说："大气科学。"岳父有点茫然，我赶紧说："就是学做天气预报的。"岳父恍然大悟："恩，这个工作不容易，得背不少天气谚语吧？"

我赶紧解释："天气谚语也看过点儿，但不太多。要按学科说，气象算是地球基础科学，所以要求掌握的知识比较多，比如数理知识我们得学高等数学、概率统计、线性代数，理论力学、流体力学、热力学；专业课程就更多了，像什么大气物理学、大气探测学、大气科学导论、天气学原理、天气学分析、天气学诊断、动力气象学、雷达气象学、卫星气象学、中尺度天气学、高等天气学、中国天气和数值天气预报；这还不够，像计算机的FORTRAN、PYTHON、C语言这些我们也得会用……"，我这正说得起劲呢，突然发现岳父有点蒙，我心说"坏了"！赶紧停住。但没想到岳父到是善解人意："小伙子，别紧张啊，你和我说说这预报怎么做啊，平时工作累吗？"

"还行，其实挺累的，这么和您说吧，因为这老天爷很调皮，阴晴不定，所以我们得老'盯'着它。一般上班呢，我们就得看实况、看模式、看高空、看地面、看卫星、看雷达、看发展、看演变……看完后分析，分析形势、分析系统、分析平流、分析水汽、分析大气稳定、分析触发条件……接下来就得做服务了，专业服务、决策服务、公众服务、新媒体服务、城市应急服务……尤其到了夏天，那基本就是24小时连轴转。”

岳父这时候突然摆了摆手，“你说你们的专业这么多，这么科学，工作也很用心！那怎么还报不准啊？”

这时候，媳妇赶紧帮我圆场：“爸，怎么不准了？我觉得挺准的啊。”岳父没顺着媳妇搭的台阶下，接着问我：“就说前几天吧，预报只有33 ℃，可是却给我热坏了。听新闻说还有个非洲朋友在天安门中暑了，你们不是‘讲政治’，压着不报吧？”

“恩，那个新闻我也看了，那天是挺热的，不过那么热的原因是那天风小，湿度又大，所以体感比较热，您听这个词也大概猜到了，体感温度重在感觉，与每个人的体质、当时的湿度、风、太阳辐射都有关系。可我们预报的是大气的温度，重在客观。其实，我们把温度搞准了，把预报搞准了，才是‘讲政治’。我们这个客观的气温观测有一个全球通用的方式，就是在百叶箱里距地1.5米观测，这样既通风又防辐射，相当于有点‘小阴凉’”。

后面不用我说了，岳父这关自然是过了。当然，这肯定离不开老婆的圆场。其实我也知道，她之所以在关键时候能帮我，也是和我相处久了，慢慢就了解了气象。但有时候，天气也会让我有点小尴尬，这就不是误解了，是真的预报错了。虽然我和我的小伙伴们会不断监测、判断天气变化，及时更正预报，但还是常被大家调侃为“事后诸葛亮”。可我确实有点喜欢这个“事后诸葛亮”，因为我相信随着云计算、大数据、机器学习等新技术与气象的深度融合，“智慧气象”必定会大放异彩。到时候，我们预报员再加上“智慧气象”这把利器，我们可就不是“事后诸葛亮”了，我们可要做“赛过诸葛亮”！

天空中的维生素——负氧离子

贵州省遵义市气象局　何　灿

我来自中国天然氧吧——美丽的贵州省赤水市。说到“天然氧吧”，我们就得来聊一聊这里高浓度的负氧离子。

我们都知道，人类的生命离不开食物、阳光、空气等，那我们通过食物来补充能量，更注重食物是否营养。可是，我们呼吸的空气够“营养”吗？会场待了那么久，肯定有部分人觉得头昏脑胀不舒服了，这是为什么？因为我们会场的空气“营养”不够，缺乏“维生素”了。为什么这么说呢？因为我们的空气中有一种神奇的存在——负氧离子，它被人们誉为“空气中的维生素”。通常认为，空气中负氧离子的含量是空气清新与否的标志。世界卫生组织规定，清新空气的负氧离子标准是每立方厘米不低于1000～1500个。可是都市室内仅有40～50个，而且长时间使用空调，含量会更低，有的甚至为0。

说到这里，负氧离子到底是什么，又有怎样的作用呢？不急，我们慢慢来了解。首先我们得知道，空气中都有什么。空气是混合物，由多种分子构成。其中：78%的氮气，21%的氧气，以及1%的其他物质。咦，说好的“维生素”呢？怎么没有？别急，我们这就来看看“维生素”——负氧离子哪去了。

在自然状态下，空气分子的极性呈中性，即不带电荷。但在自然界宇宙射线等作用下，部分空气分子会失去一部分围绕原子核旋转的最外层电子，我们称为空气发生了电离。“逃跑”的电子称为自由电子，带负电荷。这些带有负电荷的自由电子到处游荡，与其他中性气体分子结合后，就形成带负电荷的空气离子，叫作空气负离子。

可是我们刚讲了大部分空气的组成，氮气为惰性气体，根本懒得搭理自由电子，而其他气体占比不到1%，所以我们大部分的自由电子都被氧气结合了，因而，我们常常将空气中的负离子统称为负氧离子。

据考证，负氧离子还可以中和空气中带正电荷的焦烟、“二手烟”、油烟等有害物质，所以可以改善空气质量。负氧离子通过口鼻或者皮肤进入人体后能增加血氧量，可以缓解精神压力，有益心肺功能，还可以提高免疫力、抗衰老、降血压等，甚至可以对抗病毒细胞，从而治疗疾病。这也是为什么我们称它为“天空中的维生素”的原因。

我们该在哪里寻找高浓度的负氧离子呢？去公园走走吧，这里负氧离子浓度为每立方厘米1000～2000个。山边、海边更高。最高的还得数森林中和瀑布边，这边浓度可达每立方厘米10万～50万个，因为森林中叶枝尖端放电、植物的光合作用的光电效应、瀑布的水流冲击，都是形成负氧离子的有利条件。

我的家乡贵州省赤水市，森林覆盖面积广，更享有“千瀑之市”的美称，2017年被评为“中国天然氧吧”。若是您来到赤水，在这里享受一番“负氧离子浴”，相信一定会给您留下深刻的印象。

夏夜追凉——“冰冰背”

河南省濮阳市气象局　武菲菲

“夜热依然午热同，开门小立月明中。竹深树密虫鸣处，时有微凉不是风。”炎炎的夏日里，愿这首清新的小诗可以给您带来一抹清凉。这首诗其实是杨万里的佳作《夏夜追凉》，诗里描写的夏夜真的是相当惬意的，感受到了清凉却又不是风所带来的，只不过是夜深气清，静中生凉而已。我想这就是我们所说的“心静自然凉”了。

酷热难耐好像是夏天的专属名词，因此，寻找一个避暑纳凉的好去处好像是夏天的头等大事了。

下面我给大家介绍个好去处，这地方不仅可以避暑纳凉，更具有神秘的色彩，它就是位于我的家乡河南林州的冰冰背。在我们当地，大家口口相传在林州有一个“冰冰背”，“冰冰背”上有一个洞叫作“冰冰洞”，这个洞是神仙住的地方。那么这个所谓的“冰冰背”，它的神秘之处到底在哪里呢？说起来你可别不信这个“冰冰背”居然能够气候颠倒，说它是“冬开桃花夏结冰”一点不假。此处严冬水温气暖，盛夏水寒结冰，结冰面积为600平方米左右。你能想象到盛夏进洞之前穿着短袖，进洞之后裹着大衣吗？然而到了寒冬腊月，洞里却不见冰块，而且异常温暖。究竟是什么原因导致“冰冰背”出现“冬、夏倒置”的状况呢？

神话传说是铁拐李为镇压此处的恶龙，从宝壶内扔下了一块冰在这里，于是出现了这种奇观。

近年来众多的专家学者前来考察、勘探，都未能对“冰冰背”成因做出定论。冰冰背的景观由此被游客、媒体等称为千古之谜，直至后来才给出了这样的解释。

由于地壳运动，把两种容易发生吸热化学反应的物质，推挤在“冰冰背”一带的山下，自形成之日就开始进行化学反应，吸收大量热量，致使周边的环境一直如冬天一般。

在近期的一次地理变化中，“冰冰背”上面的山峰倒塌了，把这一块地覆盖起来，而“冰冰背”正好位于断裂之上的石英岩和页岩的交界处附近，这正是地壳深处高压气体沿断裂上升的出气点。于是在气压和吸热反应的作用下，“冰冰背”就出现了“夏天结冰、冬天温暖”的现象。通俗点讲，就是“冰冰背”的异常气候，符合“冰箱原理”。也只有“冰冰洞”这一带才显露出其特征。

“三九严寒桃花开，三伏盛夏水结冰。”这个“千古之谜”在我们科技迅速发展的今天也是迎刃而解了。总之，不管天气如何，保持好心态，开心面对每一天才是“王道”！

揭开“极光女神”的面纱

国家卫星气象中心　闫小娟

相传在古罗马神话中，有一位美丽的“极光女神”，她的名字叫欧若拉。在每个夜晚，极光女神发出耀眼的光芒，并在晨光出现前的那一刻飞向天空，向大地宣布黎明的到来。

如梦如幻的极光一直是人们探索的天象之谜。直到20世纪60年代，科学家将地面观测结果和卫星探测资料结合起来研究，才逐步形成了极光的物理性描述。现在就让我们一起来揭开“极光女神”的面纱吧！

原来，这美丽的景色是一种空间天气现象，是太阳和地球共同完成的作品。

在太阳发出的能量中，除了光和热，还有一种能量叫太阳风。太阳风是太阳喷射出来的带电粒子流，它穿过行星际空间吹向地球。因为地球具有磁场，看起来就像一块巨大的磁铁。当太阳风吹到地球上空时，与地球磁场相互作用，就像女生的长发被风吹起一样，朝着太阳一面的地球磁力线被大大压缩，而背着太阳的一面却拉出一条长长的像彗尾一样的地球磁尾。这个时候，从太阳射来的带电粒子流，也受到地球磁场的影响，它们发射到地球磁场的势力范围后，大部分发生了偏转，少部分沿着地球磁力线沉降到地球的两极，在沉降的过程中与高层大气中的分子和原子发生碰撞，这些分子、原子被激发后，释放出光子，从而产生发光现象。不同的分子、原子发出不同颜色的光，比如氧被激发后发出红光和绿光，氮被激发后发出紫光，从而形成了绚丽多彩的极光。这时，如果乘着宇宙飞船，从遥远的太空向地球望去，就会看到围绕着磁极有一个闪闪发亮的光环，这个光环叫作极光卵。

极光经常出现的地方是在地球南、北磁纬67°附近的两个环形区域内，比如南半球的南极洲，北半球的瑞典、芬兰、冰岛、俄罗斯，以及我国最北的漠河，都可以看到极光。当地磁活动非常剧烈时，极光会更加壮观，同时向中低纬地区延伸。随着科技的进步，观测极光的手段更加先进，比如在我国最新一代极轨气象卫星“风云三号”D星上装载了广角极光成像仪，能够从太空俯瞰极光。

现在我们已经知道，极光的出现是太阳风吹到地球的一个信号和表现，通过对极光的观测和研究，有助于我们了解太阳风和地球空间系统的相互作用。在极光发生的同时，太阳在地球空间系统投下的能量是非常巨大的，这些能量可能会影响人类的活动，比如干扰无线电和雷达的信号。如何利用这些能量来为我们的地球造福，是当今科学领域的一项重要使命。相信随着研究的深入，“极光女神”面纱下的容姿会越来越清晰。